電気電子材料の基礎

望月 孔二 著

電気書院

● はじめに ●

　技術の進歩によって生まれた様々な機器は現代社会を快適で便利な生活にしています．例えば夜を明るく照らす「灯り」，都市間の高速移動を支える「電気鉄道」，どこにいても通信を可能にする「電話」など，例を挙げれば，枚挙にいとまがありません．

　こういった進歩をもたらすもののひとつが電気電子材料技術です．例えばコンピュータの性能向上には，回路の工夫だけでなく，高速動作をする素子の材料技術も欠かせません．

　時折「コピー製品」がありますが，「材料」のコピーは「形状」のコピーに比べて格段に難しいことであり，独自の材料技術をもつことは非常に素晴らしいことです．

　本書を執筆したいと考えたのは，私の高専でのこの科目の経験が，学生の皆さんが電気電子材料の基礎を学ぶための一助になるのではと思ったからです．読者として想定しているのは，これから学ぼうという方です．数学力は，「微積分は学んだが応用までは少し自信がない」レベルと考えました．また，電気回路や電子回路を学ぶ学生を考えました．そのため，特に回路動作に大きく影響する半導体とそのデバイスの章を特に力を入れました．まずは，章ごとにポイントをまとめてから本文が続き，課題や章末の力試し問題も充実させるように心がけました．問題の質は，誰にでも理解できるレベルを目指しました．微分方程式の考え方を必要とする問題も作りましたが，高度なものではなく，微分方程式の基本さえ理解していれば解ける範囲です．

　材料を扱うためにはある程度の知識を覚える必要があります．物理現象は根本的な原理・原則にしたがっているので，暗記力よりも，現象の奥に潜む原理を科学的に追ってゆく力を育んでほしいと思います．そのため，量子力学や微分方程式の基礎なども記載しました．（執筆の機会を与えて下さった，㈱電気書院の金井様と近藤様に深く感謝したします）

著者

目 次

序章　電気電子材料を究めたらどんな良いことがあるか　1
本章で学ぶこと ……………………………………………………… 1
課題　材料を置き換えて良かったこと ……………………………… 3

1章　電子の基礎（自遊空間中の電子，光）　4
本章で学ぶこと ……………………………………………………… 4
(1)　電子の振る舞い〜粒子の運動〜 ……………………………… 4
(2)　光の振る舞い〜波の性質〜 …………………………………… 7
(3)　電子や光は粒子か波 …………………………………………… 8
(4)　電子の波動性がもつ波の性質 ………………………………… 9
(5)　光がもつ粒子の性質 …………………………………………… 9
(6)　粒子性と波動性の両立 ………………………………………… 10
力試し問題1 ………………………………………………………… 11
力試し問題2 ………………………………………………………… 13

2章　量子力学の基礎　15
本章で学ぶこと ……………………………………………………… 15
(1)　無限井戸型ポテンシャル ……………………………………… 15
(2)　無限井戸の中の古典粒子 ……………………………………… 16
(3)　無限井戸の中の電子を量子力学で記述 ……………………… 17
(4)　無限井戸の中の電子（シュレディンガー方程式の解） …… 18
(5)　古典力学と量子力学の差異 …………………………………… 22
(6)　古典力学と量子力学の共通点 ………………………………… 22
コラム1　エネルギー準位の，エネルギーあたりの密度 ……… 23
コラム2　井戸の深さが有限だったとき ………………………… 25
力試し問題 ………………………………………………………… 28

3章　原子やポテンシャル中の電子　31
本章で学ぶこと ……………………………………………………… 31
(1)　水素原子とボーア理論（電子がひとつだけの原子） ……… 31
(2)　水素原子内の電子の準位と発光 ……………………………… 33

(3) 水素原子内の軌道 …………………………………34
(4) 多電子原子とパウリの排他律 …………………35
(5) 多電子原子の化学的性質 ………………………38
コラム3　指数関数と物性 ……………………………39
力試し問題 ………………………………………………41

4章　化学結合　42

本章で学ぶこと ………………………………………42
(1) 化学結合の前提 …………………………………42
(2) イオン結合 ………………………………………44
(3) 共有結合 …………………………………………44
(4) 金属結合 …………………………………………45
(5) その他の結合 ……………………………………46
力試し問題 ………………………………………………49

5章　結晶　51

本章で学ぶこと ………………………………………51
(1) 結晶構造 …………………………………………51
(2) 体心立方構造 ……………………………………53
(3) 面心立方構造 ……………………………………54
(4) 六方最密構造 ……………………………………56
(5) 最密構造 …………………………………………56
(6) 閃亜鉛構造とダイヤモンド構造 ………………57
力試し問題 ………………………………………………60
結晶構造 立体模型 ……………………………………61

6章　帯理論と統計力学（結晶内部の電子）　64

本章で学ぶこと ………………………………………64
(1) 複数の原子が集まったときの価電子 …………64
(2) N個の原子が集まったときの電子 ……………66
(3) 金属のバンド理論 ………………………………67
(4) 絶縁体のバンド理論 ……………………………69
(5) 半導体のバンド理論 ……………………………70
(6) 許容帯内の電子の数 ……………………………72

(7) 電子の分布と温度の関係 ･･ 73
コラム4　バンド内の電子の運動と，フェルミの分布関数の概念の説明 ･･･ 78
力試し問題 ･･ 80

7章　金属内の電気伝導　　81

本章で学ぶこと ･･ 81
(1) 金属内の電子について ･･ 81
(2) 電界がないときの電子の振る舞い ･･････････････････････････････ 82
(3) 平均自由時間 ･･ 85
(4) 電界の下での電子の振る舞い ･･････････････････････････････････ 87
(5) 電流を流しやすい材料 ･･ 90
コラム5　コインを振って表が出る回数はどれだけ50%に近いか ･･････ 92
力試し問題 ･･ 95

8章　絶縁体　　96

本章で学ぶこと ･･ 96
(1) 絶縁体の役割 ･･ 96
(2) 気体中の電流 ･･ 97
(3) 気体の絶縁破壊 ･･ 99
(4) 液体の絶縁体 ･･･ 100
(5) 固体の絶縁体 ･･･ 100
力試し問題 ･･･ 102

9章　半導体と温度特性　　104

本章で学ぶこと ･･･ 104
(1) 半導体材料の概要 ･･･ 104
(2) 真性半導体と不純物半導体 ･･･････････････････････････････････ 105
(3) 不純物半導体のキャリア濃度 ･････････････････････････････････ 108
(4) 不純物半導体の温度とキャリア濃度 ･･･････････････････････････ 110
力試し問題 ･･･ 112

10章　半導体中のキャリアの振る舞い　　113

本章で学ぶこと ･･･ 113
(1) 半導体中のキャリアの振る舞い ･･･････････････････････････････ 113

- (2) 少数キャリア連続の式（生成と消滅） ……………………………… 115
- (3) 少数キャリア連続の式（ドリフト電流） ……………………………… 119
- (4) 少数キャリア連続の式（拡散） ……………………………… 120
- (5) 磁界中の運動（ホール効果） ……………………………… 123
- コラム6　拡散長 ……………………………… 126
- 力試し問題 ……………………………… 128

11章　半導体と半導体デバイス　　　　　　　　　　　　　　130

- 本章で学ぶこと ……………………………… 130
- (1) 半導体デバイスとpn接合 ……………………………… 130
- (2) pn接合の電圧-電流特性 ……………………………… 133
- (3) pn接合の電圧-容量特性 ……………………………… 136
- (4) pn接合を使った整流ダイオード以外のデバイス ……………………………… 141
- (5) バイポーラトランジスタの特性 ……………………………… 145
- (6) FETの特性 ……………………………… 150
- (7) 金属-半導体接合の電圧-電流特性 ……………………………… 154
- コラム7　増幅 ……………………………… 156
- 力試し問題 ……………………………… 157

12章　誘電体とコンデンサ　　　　　　　　　　　　　　　　163

- 本章で学ぶこと ……………………………… 163
- (1) 誘電率と誘電分極 ……………………………… 163
- (2) 分極とその種類 ……………………………… 166
- (3) 複素誘電率とその周波数特性 ……………………………… 169
- 力試し問題 ……………………………… 173

13章　磁性体とインダクタンス　　　　　　　　　　　　　　175

- 本章で学ぶこと ……………………………… 175
- (1) 透磁率と磁化特性 ……………………………… 175
- (2) 磁気的性質の起源 ……………………………… 177
- (3) ヒステリシス特性 ……………………………… 179
- (4) 磁気抵抗効果 ……………………………… 181
- (5) 強磁性体の応用と材料 ……………………………… 182
- 力試し問題 ……………………………… 186

序章　電気電子材料を究めたらどんな良いことがあるか

本章で学ぶこと

　本章では，材料に関する知識を究めることの利点を述べます．材料に求められる「材料の性質」以外の特性にも配慮が必要です．また，材料技術の深め方を紹介します．

● 材料に関する知識を究めることの利点

　まずは，服を考えてみましょう．綿，毛，絹，ポリエステルなど，様々な素材でつくられています．それぞれに特徴があり，着用者は，気候等に応じて，なるべく適切な素材の服を選ぶでしょう．これ以外にも世の中では同じ目的を果たすために様々な材料を使い分けています．服と言えば，最近は「着用すると体から出る水蒸気で発熱する」という素材が発売され，大人気になりました．服のデザインはそのままに，素材を変えるだけで今までにない魅力が得られます．

　同じように，素材を変えることで大きな魅力が生じるものは，電気電子産業の中にもいくつもあります．代表例としては半導体材料がGe（ゲルマニウム）からSi（シリコン）に代わったことが挙げられます．融点の高さなどの理由で，Siを取り扱うにはGeに比べて高度な技術が必用でした．しかし，いったんSiを使う技術を身に付ければ，Geの欠点である不安定な動作を克服しただけでなく，集積度の高密度化や動作の高速化が得られました．材料の変化は半導体が世の中に広がるための決定的な理由だったとも言えるでしょう．このように，材料技術は，各種工業製品の性能向上に欠かせない技術です．これ以外にも，材料開発が世の中を進歩させた例はいくつもあります．それを本書で学んでいきましょう．

本書は材料の中でも電気電子材料を題材にしています．したがって，材料の性質のうちの電気電子工学の視点，すなわち，電流を流せるかどうか，磁気的性質が存在するかといった点を追求していきます．材料の知識は，材料の開発者たちだけのものではありません．その材料を使った素子の振る舞いを理解するにも材料の知識が必要です．

● 材料に求められる「材料の性質」以外の特性

材料が応用されるためには，必要な性質を有することが大前提ですが，それ以外にも必要なことがあります．

まずは，材料を使用するのに必要なことは安価であることです．それから，環境に優しい材料でなければなりません．例えば，冷蔵庫に使われる冷媒はかつてフロンガスでしたが，フロンガスの地球温暖化への影響が大きいことから，今ではフロンガスではない冷媒を使うノンフロン冷蔵庫が開発されています．

さらに材料をつくること自体が環境に優しい必要があります．

● 材料技術の深め方

本書は，材料の基礎を易しく学ぶことを目的としていますので，理解を深めたい場合は，さらに関連学問分野を学ぶ必要があります．

材料内の電子や原子の振る舞い，あるいはエネルギーのやり取りといった基礎を深めるには，電磁気学，量子力学，電子物性を学ぶ必要があります．その際に物理や化学の知識も必要です．応用技術を深めるには半導体工学，電気・電子回路，誘電体・絶縁体工学，磁性体工学などの知識も必要になります．ぜひ，本書を足掛かりにさらに理解を深めてください．

序章　電気電子材料を究めたらどんな良いことがあるか

> **課題　材料を置き換えて良かったこと**

材料を置き換えることが，その材料を使った素子（あるいは機器）進化につながる例を半導体の「Ge → Si」以外にも調べてみよう．

本書の中で探せる解答例：

　　銅→アルミ（軽さと強さが必要な電線）

　　真空（あるいは空気）→誘電体（コンデンサの電極間に挿む材料）

本書以外で探せる解答例：

　　青銅器→鉄器（有史以前の人類）

　　鉄→アルミ（スポーツカーの構造）

　　竹の炭→タングステン線（電球のフィラメント）

　　空気→真空→アルゴンガス→微量のハロゲンガスを混ぜたアルゴンガス（電球のフィラメントが設けられる場所の雰囲気）

1章　電子の基礎（自遊空間中の電子，光）

本章で学ぶこと

　この章では，電気電子材料を学ぶのに必要な物理学を確認します．本章で取り上げるのは電子と光です．電流は電子の流れですから，電界中や磁界中の電子の振る舞いを押さえておきましょう．発光ダイオード（LED）をはじめとして電子と光は深い関係がありますので，光についてもこの章で確認します．

　電子は粒子として扱うことができ，古典力学にしたがって運動を記述できます．その一方で，電子は波の性質も持っています．「光」といえば日常生活においては可視光，すなわち目に見える電磁波のことですが，広い意味で考えれば，赤外線や紫外線までを含みます．光は波としてとらえることができます．その一方で，「光子」は粒子のように取り扱うことができます．

(1) 電子の振る舞い～粒子の運動～

　電荷をもった粒子が（荷電粒子）移動すれば電流となります．移動する粒子は通常は電子を指しますが，イオンも含まれます．電荷 q を持った粒子が，ある断面を1秒あたり N 個通過するとするならば，電流 I [A] の大きさは次式で表せます．

$$I = qN \,[\text{A}]$$

　電荷 q を持った密度 n の粒子が，ある方向に平均速度 v で移動しているとするならば，単位面積を速度方向に1秒あたり通過する粒子数 N は $N = nv$ であることから，電流密度 J [A/m^2] の大きさは次式で表せます．

1章 電子の基礎（自遊空間中の電子，光）

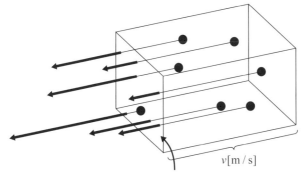

電流密度は，単位面積を1秒間に横切る粒子数に電気素量を掛ければ求まる．

図1.1 電荷密度と速度と電流密度

$J = qnv \ [\mathrm{A/m^2}]$

荷電粒子は電界がない真空中では等速直線運動をします．

荷電粒子は，電界中では速度が変わります．ここでは真空中の図1.2の系の中での電子の運動の様子，すなわち電界 E [V/m] の下での電子の速度 v と変位 x を求めてみます．電子の電荷は負で大きさは $q = 1.602 \times 10^{-19}$ C，質量は $m_\mathrm{e} = 9.109 \times 10^{-31}$ kg です．距離 L = 10 cm = 0.1 m の中に均等に電界があり，左端の電圧は 0 V，右端の電圧は 100 V とし，電子は最初に静止した状態で 0 V の場所にいたものとします．

電界の値は，$E = \dfrac{V}{L} = 1\,000$ V/m になります．

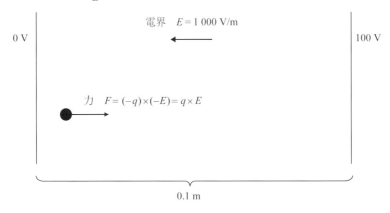

図1.2 電界下の電子

運動方程式を立式すると，電界によって受ける力は電界と電荷の積で与えられることから，$F = qE$ になります．電界 E の方向は左向きですが電荷は負なので F の向きは右向きです．

$$m_e \frac{dv}{dt} = F = qE.$$

この微分方程式は，範囲内ならば常に決まった力を受けることから，ちょうど地上でのボールが重力を受けて自由落下する場合と同様の運動になります．

$$v = \frac{qV}{Lm_e}t, \quad x = \frac{qV}{2Lm_e}t^2$$

ここで，$x = L$ になる時刻 t_L を求めると，

$$t_L = \sqrt{\frac{2m_e}{qV}}L$$

となり，この時刻を速度の式に代入すると，$x = L$ での速度 v_L が求まります．

$$v_L = \sqrt{\frac{2qV}{m_e}} = \sqrt{\frac{2 \times 1.602 \times 10^{-19} \times 100}{9.109 \times 10^{-31}}} = 5.9 \times 10^6 \,\mathrm{m/s}$$

この電圧による加速で得た運動エネルギー K は次式で表せます．

$$K = \frac{1}{2}m_e v^2 = qV = 1.602 \times 10^{-17} \,\mathrm{J}$$

こうして得られたエネルギーには，距離 L が含まれていません．これは，100 V という電圧で加速するならば，距離がどんな値でも得られるエネルギーは同じであるということです．

注意

ここでは相対論を考慮せずに計算しました．厳密に計算するには，速度があるときの質量が静止質量の $\left\{1 + \left(\frac{|v|}{c}\right)^2\right\}^{-2}$ 倍になることを考慮する必要があります．光速度 c は $2.998 \times 10^8 \,\mathrm{m/s}$ です．ただし，100 V による加速で得られた速度ならば $|v| = 0.02c$ であり，誤差はほとんどありません．

電子のエネルギーなど小さなエネルギーを取り扱うときには,エレクトロンボルト(eV)という単位を使用します.1 eV はジュールで示されたエネルギーを電気素量 q で割った値です.今回の例題では,次のように立式できます.

$$1.602 \times 10^{-17} \text{J} = 100 \text{ eV}$$

もともとジュール(J)という単位は,1 kg の重さの物体を動かすことを想定してつくられたエネルギーの単位であり,原子や電子を一つだけ取り扱うには桁があまりにもかけ離れてしまいます.1 eV は 1 V の電圧で加速した電子のエネルギーでもあります.

(2) 光の振る舞い〜波の性質〜

光は電磁波の一種です.人間の目に見える可視光の波長は 400 nm (750 THz) 〜 750 nm (400 THz) です.広い意味では紫外線や赤外線も光ということになります.電磁波の基本の式は次の通りです.

波長 λ [m],振動数 $\nu = \dfrac{c}{\lambda}$ [s^{-1}]

ただし,c は光速度(こうそくど)です.

波が x 軸方向に移動するときの基本の方程式は次の通りです.

振幅 $A(x) = A_0 \sin\left(\dfrac{2\pi x}{\lambda} - 2\pi \nu t\right)$

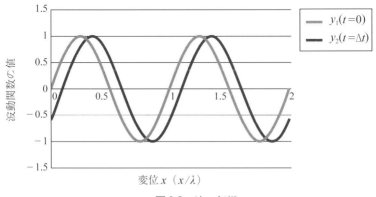

図 1.3 波の伝搬

ここで，A_0 は振幅の最大値を表します．

波の特徴的な性質は，一つの波が複数の経路を通って伝わるとき，経路間の「光路差」が原因で，伝達する強度の大小が決まるという，回折現象です．ここで，図1.4 のように $y=0$ と，$y=-10$ という2つの座標に反射板があり，これら2つの反射板を通った経路で波が伝わることを考えましょう．反射板が異なる2つの経路には光路差が生じます．その光路差を ΔL とします．

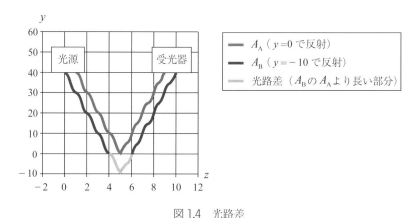

図1.4 光路差

2つの経路を通った波を足し合わせた強度は，次式で表されます．

$$A = A_\mathrm{A} \sin\left(\frac{2\pi x}{\lambda} - 2\pi v t\right) + A_\mathrm{B} \sin\left\{\frac{2\pi (x + \Delta L)}{\lambda} - 2\pi v t\right\}$$

$\Delta L = \lambda$ ならば，2つの波は強めあうので，強度が強くなります．
$\Delta L = \dfrac{\lambda}{2}$ ならば，2つの波は位相に π の違いがあり，お互いに打ち消しあうので，強度が弱くなります．

(3) 電子や光は粒子か波か

1900年前後の物理学の大きな進歩により，物理現象の理解が深まりました．それによると，電子には波の，光には粒子の性質もあることが実験的にも理論的にも明らかになりました．電子や光の振る舞いを正確に記述する理論は，当時発展した量子力学です．

なお，古典力学は否定される理論ではありません．古典力学と量子力学は，距離やエネルギーが微小なときには異なる点が生じますが，そうでないときは同じものを表します．古典力学は，量子力学の近似の理論です．

(4) 電子の波動性がもつ波の性質

電子に関する詳細な実験により，電子の回折現象が確認されました．回折は波に固有な現象ですから，この現象が見られるということは電子に波の性質があるということの実験的な立証です．

運動量 p で運動する物質の波長 λ は，ド・ブロイという学者が提唱した次式で表されます．

ド・ブロイ波長　　$\lambda = \dfrac{h}{p}$ [m]

＊ただし，h はプランク定数であり，$h = 6.626 \times 10^{-34}$ Js です．

波長を人間が検知するには，波長 λ がなるべく大きな値であって欲しい．ここで注目したいのは，プランク定数 h の大きさです．プランク定数は非常に小さいため，λ を大きくするためには，運動量 p は非常に小さくなければなりません．そのため，我々が物質の波動性を実感しやすいのは，質量が最小の物質である電子です．

結晶に向けて電子を照射すると，特定の角度のときに強い反射が見られます．この現象は，(2)節で説明した回折現象であり，電子の波動性の証拠といえます．

(5) 光がもつ粒子の性質

物質を分解していくと原子に行きつき，それ以上は分解できないように，光を細かく分解していくと光子（Photon）と呼ばれるかたまりに行きつき，それ以上は分解できません．そして光子は粒子のように取り扱うことができます．

波長 λ [m] の光子の基本の式は次の通りです：

光子のエネルギー　　$E = h\nu$ [J], [eV],

光子の運動量　　$p = \dfrac{h\nu}{c}$ [kgm/s],

光子の質量　　　　$m = \dfrac{h\nu}{c^2}$ [kg].

　この考え方は，例えば太陽電池の動作を説明するのに必須です．もしも光を「波」とだけ考えるならば，青い光・赤い光・赤外線のどれも同じエネルギーの伝搬と考えられるでしょう．太陽電池に対して，青や赤や赤外線など，波長を変えながらエネルギーの光を加えたとき，太陽電池から得られる電流の大きさが変わります．これは，光の粒子性を考慮することで説明できる物理現象です．

(6) 粒子性と波動性の両立

　粒子性と波動性を両立するとはどういうことでしょうか．粒子とすれば空間的にはその位置が指定できるでしょうし，波であるということは空間的に広がりがあるでしょう．これら相反する考え方を取り込んだ考え方として，波束の考え方が上げられます．波束の例を図 2.5 に，式を次行に示します．

$$I = \dfrac{2a \sin\left[(x - v_g t)\dfrac{\Delta k}{2}\right]}{x - v_g t}$$

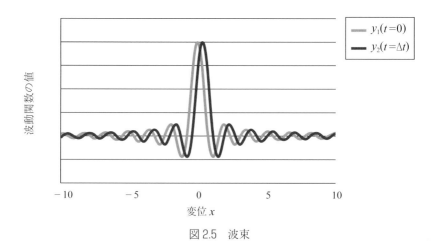

図 2.5　波束

力試し問題1

① 静止していた電子に1 eVのエネルギーを加えたとします.
  (1) このときの速度を求めなさい.
  (2) このときのド・ブロイ波長を求めなさい.

② 1 eVのエネルギーを持っている光子があるとします.
  (1) このときの振動数を求めなさい.
  (2) このときの波長を求めなさい.

③ 1 lmとは,$\frac{1}{683}$ Wを放出する光源のことです.
市販されているとある電球の仕様
・明るさ 電球60 W形相当(810 lm),消費電力10 W
について,発光させるために投入したエネルギーと,発光によって光になったエネルギーの比率,すなわち発光効率を求めなさい.もし,この電球から発する光が周波数540 THzの単色光だったとしたら,1秒あたり何個の光子が放射されるか求めなさい.

■ 解答例

① (1) 2.42×10^{14} 回/s (2) 1.23×10^{-9} m = 1.23 nm

② (1) 5.93×10^{5} m/s (2) 1.24 μm

③ 810 lm であれば，$\dfrac{810}{683} = 1.19$ W の光を発することになる一方で投入されるワット数が 10 W であることから，発光の効率は 11.9 % です．
周波数 $\nu = 540$ THz の光の場合，光子一つのエネルギー ε は，
$$\varepsilon = h\nu \text{ [J]} = 6.626 \times 10^{-34} \text{ Js} \times 540 \times 10^{12} \text{ s}^{-1}$$
$$= 3.58 \times 10^{-19} \text{ J}$$
ところで，この電球は 1.19 W = 1.19 J/s の光を発することから，放出される光子の数は 3.32×10^{18} 個/s です．

1章　電子の基礎（自遊空間中の電子，光）

力試し問題2

ブラウン管は，初期のテレビや，初期のシンクロスコープの映像装置として使われた電子部品です．

$x = L_6$ に平面をつくり，電子が衝突したら光を発するように蛍光材を塗っておきます．$x = 0$ に電子銃を設け，$x = L_1$ までの間に印加した電圧によって加速され，$L_1 \sim L_6$ の間を x 方向に等速度 v_x で運動し，蛍光材の塗られた面に衝突します．$L_2 \sim L_3$ には y 方向の電界 E_y を加えるための平面状の電極を設けます．また，$L_4 \sim L_5$ には z 方向の電界 E_z を加えるための平面状の電極を設けます．電界 E_y や電界 E_z によって，電子が平面に衝突する場所を制御します．ここで，

$v_x = 1.0 \times 10^7$ m/s, $E_y = 0$ V/m, $L_4 = 100$ mm, $L_5 = 150$ mm, $L_6 = 350$ mm

という条件のもとで，$E_z = 0$ V/m のときと，$E_z = 1\,000$ V/m のときを比べると，L_6 の平面上に電子が到達する場所はどれだけ z が違うか求めなさい．

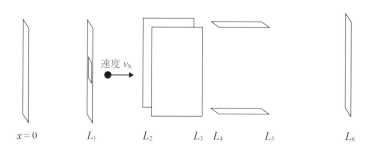

図1.6　ブラウン管の内部構造

■ 解答例

　電子の $L_1 \sim L_4$ の運動は等速直線運動です．電子が L_4 から 50 mm の距離を進んで L_5 まで到達する 5.0 ns の間は，z 方向に電界 E_z を受けます．電子が L_5 から 200 mm の距離を進んで L_6（蛍光剤の塗られた平面）まで到達する 20 ns の間は等速直線運動です．

　このとき，$x=L_4$ のときの時刻を $x=0$ として解析します．この問題は，5.0 ns の間，$E_z=1\,000$ V/m の電界を加え，もう 25 ns 経ったときの z の値を求めることと言い換えられます．

　$t=0$ において電子の座標と速度は $v_z=0, z=0$ です．$t=0 \sim 5.0$ ns は電界 E_z が印加されるため，$v_z = \dfrac{-q}{m_e} E_z t$，$z = \dfrac{-q}{2m_e} E_z t^2$ です．計算により，$t=5.0$ ns では $v_z = -879$ km/s，$Z = -2.20$ mm になります．

$t=5.0 \sim 25$ ns は等速直線運動ですから，$Z = -2.20$ mm $- 87.9$ km/s $\times (t-5.0$ ns$)$ になります．数値計算から $t = 25$ ns では $Z = -19.8$ mm になります．

■ ちなみに

　オシロスコープの E_z には外部から測定したい電圧信号を入れます．力試し問題 2 で学んだように，蛍光する場所の z 座標は，外部からの電圧信号に比例します．この結果，オシロスコープは電圧を読み取る装置として利用できます．

　オシロスコープの E_y に電圧を加えることで y 方向の座標も制御することができます．

2章　量子力学の基礎

本章で学ぶこと

　電子回路の中で使われる素子などの理解に最低限必要な量子力学の知識を得るため，一次元の井戸型ポテンシャルを例として方程式を解き，古典力学と量子力学の差異を確認します．

　量子力学からは，最低のエネルギーが0でないことや，エネルギーが飛び飛びであることや，粒子の存在位置について，古典力学とは異なる結論が得られます．

　量子力学は，原子のサイズでの電子の振る舞いを考えるときに必須です．しかし，それよりも大きなサイズや，電子よりも重い粒子（例えば陽子や原子）を考えるには，古典粒子で十分です．

(1) 無限井戸型ポテンシャル

　一次元井戸型ポテンシャルは，ポテンシャル $V(x)$ が次式で表される系です．単純な系ですが，量子力学の特徴を学ぶのに適した例題です．

$$V(x) = \begin{cases} \infty & -\infty < x \leq 0 \\ 0 & 0 < x < L \\ \infty & L \leq x < \infty \end{cases}$$

ここで，$V = \infty$ の領域はポテンシャルが高すぎるため，粒子は存在できません．粒子はポテンシャルに捕えられ，$0 \sim L$ の領域内に存在します．次節からその粒子の振舞いについてそれぞれ古典力学と量子力学によって検討し，比較します．

(2) 無限井戸の中の古典粒子

無限井戸の中の電子の速度，電子が存在する位置，電子の運動エネルギーについて古典力学を使って求めてみましょう（図2.1）．

電子は静止している可能性があります．そのときは電子の運動エネルギーは0です．そして電子の存在する位置は，$x=-L$ から $x=L$ までのどこかであり，電子を見出す確率はどこも同じです．

また，x 方向に速さ v で等速直線運動をしている可能性もあります．ここでは理想的な系を考えるので，井戸の端，すなわち $x=0$ または $x=L$ において反射し，方向を井戸の内側向きに変更して同じ速さで等速直線運動を続けます．電子を見出す確率は井戸の中のどこも同じです．

電子の運動エネルギーは速度が決まれば計算でき，その値は $\frac{1}{2}m_e v^2$ です．また，速度と運動エネルギーは0から無限大まで，連続的に変わることができます．

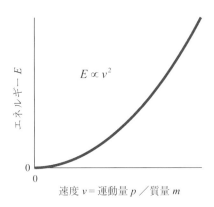

図2.1　無限井戸内の古典粒子

(3) 無限井戸の中の電子を量子力学で記述

無限井戸の中の電子の振る舞いについて量子力学に則って考えてみましょう．それは，次式のシュレディンガー（Schroedinger）方程式を解くことで得られます．

$$\left\{-\frac{\hbar^2}{2m_0}\frac{d^2}{dx^2}+V(x)\right\}\psi(x)=\varepsilon\psi(x)$$

それぞれの項の意味は次の通りです．

$\hbar$：プランク定数 h を 2π で割ったもの．$\hbar=1.0546\times10^{-34}$ J・s

m_0：静止質量．電子を扱うときは m_e

$V(x)$：ポテンシャル関数．例えば (1) 節の $V(x)$

$\psi(x)$：物質を表す関数＝波動関数（Wave function）

ε：物質のエネルギー＝固有値（Eigenvalue）

波動関数は，この方程式を満たす関数です．取り扱う問題が単純なときは，例えば sin や cos の組み合わせになることもあり，もっと複雑な問題のときには，難しい関数になることもあります．ポテンシャル関数が決まったとき，方程式を満たす波動関数の解は一つとは限りません．むしろ，複数個の解が得られるのが普通です．

波動関数が決まったとき，その関数に対応してエネルギーの値が決まります．物質のエネルギー ε は方程式を満たす値です．あるポテンシャル関数から複数の波動関数が求められたとき，エネルギーの値も波動関数の数だけ求められます．

波動関数の二乗 $|\psi|^2$ は，その場所に粒子を見出す確率になります．波動関数は複素関数ですから，二乗することは，すなわち自身の複素共役を掛け算することになります．物質は，全空間のいずれかに存在するので，次式が成り立ちます．

$$\int|\psi|^2 dV=1 \tag{2-1}$$

(4) 無限井戸の中の電子(シュレディンガー方程式の解)

前節の考え方を当てはめながら無限井戸の中の電子の波動方程式を解きましょう．まずは井戸の外の電子ですが，$V=\infty$ の領域には電子は存在できないので，

$$\psi(x)=0 \quad (-\infty<x\leq 0,\ L\leq x<\infty)$$

となります．

電子が存在するのは，$V\neq\infty$ の領域です．このことから解くべき方程式は次式となります．

$$-\frac{\hbar^2}{2m_e}\frac{d^2}{dx^2}\psi(x)=\varepsilon\psi(x) \quad (0<x<L)$$

この方程式は微分を含んでいるので，微分方程式ですし，関数に対する演算は，微分や定数の掛け算だけです．この種の方程式の代表的な解き方は，適当な関数を代入して等号が満たされるよう定数を調整するというものです．

2次の微分があり，等号の左右で符号が異なるとき，一般的に考えられる解は sin と cos です．それをこの方程式に入れ，2つとも解なのか，それともどちらかだけが解なのか検討します．

$$\psi(x)=A\sin(kx)+B\cos(kx) \tag{2-2}$$

ただし，A，B は定数，k は波数であり，波長 λ との関係は $k=\dfrac{2\pi}{\lambda}$ です．

式(2-2)で示された「波動関数の候補」を基に，条件をあてはめて「正しい波動関数」を求めてゆきます．

あてはめる条件は，「波動関数は連続だ」というものです．特に問題となるのは，$x=0$，$x=L$ という井戸の両端の点です．それよりも外側では $\psi(x)=0$ なのですから，井戸の両端でも 0 でなければなりません．このような，特別な変位で満たすべき「境界条件」を今回の系にあてはめると，

$$0=\psi(0)=A\sin(0)+B\cos(0)$$

$$0=\psi(L)=A\sin(kL)+B\cos(kL)$$

が満たすべき条件になります.

まずは $0 = \Psi(0)$ の条件により,$B = 0$ が求まります.続いて,$0 = \Psi(L) = A\sin(kL)$ の条件により,$kL = \pi$ すなわち $k = \dfrac{\pi}{L}$ が求まります.したがって,

$$\psi(x) = A\sin\left(\frac{\pi}{L} \times x\right)$$

が正しい解になります.この解はちょうど正弦波の半周期の形になっています.

正弦波は繰り返しの関数ですから,$k_2 = \dfrac{2\pi}{\pi}$,すなわち正弦波が一周期という波数も条件を満たします.この方程式を満たす k は一つではありませんから,小さく番号(サフィックス)をつけて区別します.この番号のことを量子数といいます.最初の k は改めて $k_1 = \dfrac{\pi}{L}$ と再定義しましょう.一般式にするなら,$k_n = \dfrac{n\pi}{L}$(ただし n は 1, 2, 3, …)です.波動関数もサフィックスをつけて表します.

$$\psi_n(x) = A_n \sin\left(\frac{n\pi}{L} \times x\right)$$

A_n の値も求めましょう.前述の式 (2-1) により,

$$1 = \int_{x=0}^{L} \left|A_n \sin(k_n x)\right|^2 dx = A_n^2 \int_{x=0}^{L} \sin^2(k_n x)\, dx$$
$$= A_n^2 \int_{x=0}^{L} \frac{1}{2}\left(1 - \cos(2k_n x)\right) dx$$

ここで,cos の積分は,cos の 1 周期分になりますから積分した結果は 0 になることから,

$$1 = A_n^2 \frac{L}{2}$$

したがって,A_n の値は n の値によらず,$A_n = \sqrt{\dfrac{2}{L}}$ となります.

電子のエネルギー ε_n の値も求めましょう.これまで得られた $\psi_n(x)$ をシュレディンガー方程式にあてはめると,

$$\varepsilon_n \psi_n(x) = \left\{-\frac{\hbar^2}{2m_e}\frac{d^2}{dx^2} + V(x)\right\}\psi_n(x) = -\frac{\hbar^2}{2m_e}\cdot\frac{d^2}{dx^2}\sin(k_n x)$$
$$= \frac{\hbar^2}{2m_e}\cdot k_n^2 \psi_n(x)$$

これにより,

$$\varepsilon_n = \frac{\hbar^2}{2m_e} \cdot k_n^2 = \frac{\pi^2 \hbar^2}{2m_e L^2} n^2 \tag{2-3}$$

が得られます．電子が存在できるエネルギーのことをエネルギー準位または準位といいます．

以上の結論をグラフで表したのが図2.2(a)～(c)です．横軸は変位です．縦軸は波動関数の値と波動関数の絶対値の二乗です．絶対値の二乗は，電子の存在確率でもあります．

図2.2(a)は，式(2-3)において$n=1$となったときの波動関数であり，波動関数の波形は正弦波の半周期になっています．こうした最低のエネルギーの状態を基底状態といいます．電子の存在確率$|\psi|^2$は，$x=0.5L$のときに最大になり，$x=0$と$x=L$では0になっています．また，図2.2(b)と図2.2(c)はそれぞれ，$|\psi|^2$が二度，または三度最大値を迎えるものです．図2.3は横軸をnとして電子のエネルギーを記すものです．光などのエネルギーを受け取って電子がよりエネルギーの高い準位に移ることを励起といいます．nは波数に比例しますので，横軸は波数と読み替えられます．したがって，運動量は等間隔の飛び飛びの値のみが許され，エネルギーの値もそれに対応して，許されるのは飛び飛びの値です．このように，飛び飛びの値が許されることを量子化されたといいます．なお，物質の速度は運動量または波数（すなわち波長の逆数）に比例します．

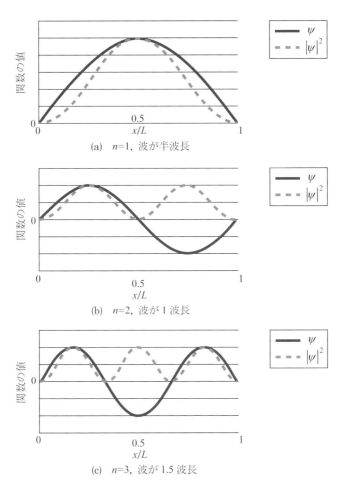

図2.2 無限井戸内の電子の波動関数と存在確率

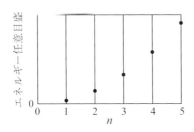

図2.3 nと粒子のエネルギー

(5) 古典力学と量子力学の差異

　(3)節と(4)節の結果から古典力学と量子力学による物質の記述を比較してみましょう．同じものを取り扱っているはずですが，差異があります．まずはエネルギーについて考えます．古典力学においては，電子の最低の運動エネルギーは0です．一方，量子力学の結論によると，$n=1$ のときの状態における ε_1 が電子の最低のエネルギーです．それ以外の電子のエネルギーは古典力学では連続量であり，どんな値も取り得ます．一方，量子力学の結論ではエネルギーの値は ε_1，その次は ε_2 というように，飛び飛びの値です．エネルギーが ε_1 から ε_2 までの値の電子は存在することができません．電子の速度もエネルギーと同様に古典力学が連続量なのに対し，量子力学の結論はその値は飛び飛びです．

　電子の存在位置は古典力学でも量子力学でも $x=0$ から $x=L$ までのどこかです．しかし，井戸内のどこに電子が在るかという点には差異があります．古典力学では井戸内で電子を見出す確率はどこも同じです．一方，量子力学では，変位 x から $x+\Delta x$ の間に電子を見出す確率 p は，

$$p = A_n^2 \sin^2(k_n x) \Delta x = \left(1 - \cos(2k_n x)\right)\frac{\Delta x}{L}$$

と表すことができます．すなわち，場所によって存在しやすいところとしにくいところがあるということです．

(6) 古典力学と量子力学の共通点

　前節では差異について注目しましたが，「古典力学が間違っている」わけではありません．

　量子力学では，エネルギーは飛び飛びであるとの結論でしたが，プランク定数 h が非常に小さな値であるという点を忘れてはなりません．無限井戸で現れた最低のエネルギーを，様々な条件で計算したのが表2.1です．

表2.1 さまざまな条件における電子のエネルギー

計算例	粒子の質量	井戸の幅	最低のエネルギー ε_1
1	9.109×10^{-31} kg	0.1 nm	6.02×10^{-18} J = 37.6 eV
2	1 g	1 cm	5.49×10^{-61} J = 3.42×10^{-42} eV

計算例1は，原子のおおよその大きさである0.1 nmの無限井戸に，原子が拘束されたと仮定したときの計算です．エネルギーの不連続性を認識できるとしたなら粒子の質量や井戸の寸法が微小なときです．原子レベル寸法の電子の振る舞いは，量子力学を踏まえて理解しなくてはなりません．

一方，計算例2は人間が普通に認識できる重量，寸法で計算したものです．この条件で計算できたエネルギーはあまりにも小さな値ですから，エネルギーの不連続性は認識できなくても当たり前です．逆に言えば，こうした「重い」粒子が，「普通の寸法」の中で運動しているときは，量子力学のことを考えなくても良いのです．

■コラム1　エネルギー準位の，エネルギーあたりの密度

エネルギー準位の，エネルギーあたりの密度について，1次元，2次元，3次元それぞれの系に関して計算してみましょう．

1次元量子井戸の場合はエネルギーと波数の関係は $\varepsilon_n = \dfrac{\hbar^2}{2m_e} \cdot k_n^2 = \varepsilon_1 \cdot n^2$ です．したがって，エネルギーが高くなるほど電子のエネルギー準位の間隔が広くなってしまいます．量子数一つが，電子存在の解一つを表すので，量子数 i 以上 $i+1$ 未満の間という「解一つ」に対して，

$$\varepsilon_i = \frac{\pi^2 \hbar^2}{2m_e L^2} \cdot i^2 = \varepsilon_1 \cdot i^2 \text{ から } \varepsilon_{i+1} = \varepsilon_1 \cdot (i+1)^2$$

の間のエネルギー差は $\Delta \varepsilon = \varepsilon_1 \cdot (2i+1)$ です．これを式にすると，

$$\text{準位数のエネルギー毎密度} = \frac{\text{解の個数}}{\text{エネルギー差}} = \frac{1}{\varepsilon_1 \cdot (2i+1)}$$

であり，エネルギーが大きい程，順位の密度は薄くなります．$i \propto \sqrt{\varepsilon_i}$ であるとともに，十分に i が大きいときは $2i+1 \fallingdotseq 2i$ であることから，準位数のエネルギー毎密度 $\propto \dfrac{1}{\sqrt{\varepsilon_i}}$ ともいえます．

　これを二次元の系で考え直します．x 軸方向と y 軸方向の 2 次元に寸法 L の量子井戸構造ができている場合には，2 方向に量子化され，エネルギーは，

$$\varepsilon_{mn} = \frac{\hbar^2}{2m_e} \cdot \left(k_m{}^2 + k_n{}^2\right) = \frac{\pi^2 \hbar^2}{2m_e L^2}\left(m^2 + n^2\right) = \varepsilon_1 \cdot \left(m^2 + n^2\right)$$

で表され，大きさは x 方向に m，y 方向に n の長さのベクトルの長さ $\sqrt{m^2+n^2}$ の二乗に比例します．

ここで，1 次元のときと同じく $\varepsilon_1 \cdot i^2$ から $\varepsilon_1 \cdot (i+1)^2$ の間のエネルギー差 $\Delta \varepsilon = \varepsilon_1 \cdot (2i+1)$ の間に，m と n の組み合わせがどれだけ数えられるか求めてみます．その組み合わせの数は，外径が $(x+1)$ で内径が i のドーナツ型領域の面積です．

$$準位数のエネルギー毎密度 = \frac{\pi \cdot (i+1)^2 - \pi i^2}{\varepsilon_1 \cdot (2i+1)} = \frac{\pi \cdot (2i+1)}{\varepsilon_1 \cdot (2i+1)} = \frac{\pi}{\varepsilon_1}$$

これにより，どのエネルギーでも密度が均一になります．

　これをさらに現実の系である三次元に拡張します．x 軸方向と y 軸方向と z 軸方向の 3 次元に寸法 L の量子井戸構造ができている場合には，3 方向に量子化されてそのエネルギーは，

$$\varepsilon_{lmn} = \frac{\hbar^2}{2m_e} \cdot \left(k_l{}^2 + k_m{}^2 + k_n{}^2\right) = \frac{\pi^2 \hbar^2}{2m_e L^2}\left(l^2 + m^2 + n^2\right) = \varepsilon_1\left(l^2 + m^2 + n^2\right)$$

で表され，大きさは 3 次元ベクトルの長さ $r = \sqrt{l^2 + m^2 + n^2}$ の二乗に比例します．

この場合も $\varepsilon_1 \cdot i^2$ から $\varepsilon_1 \cdot (i+1)^2$ の間のエネルギー差 $\Delta \varepsilon = \varepsilon_1 \cdot (2i+1)$ の間に，l，m，n の組み合わせがどれだけ数えられるか求めると，エネルギーが

$\varepsilon_1 \cdot (i+1)^2$ 以下の l と m と n の組み合わせは,

$$\varepsilon_{lmn} = \varepsilon_1 \cdot (l^2 + m^2 + n^2) = \varepsilon_1 \cdot r^2 \leq \varepsilon_1 \cdot (i+1)^2$$

により,半径 r が $(i+1)$ 以下の球の体積に比例します.エネルギーが $\varepsilon_1 \cdot i^2$ 以下の場合も同様に求められるため,

$$準位数のエネルギー毎密度 = \frac{\frac{4}{3}\pi(i+1)^3 - \frac{4}{3}\pi i^3}{\varepsilon_1 \cdot (2i+1)} = \frac{\frac{4}{3}\pi(3i^2+3i+1)}{\varepsilon_1 \cdot (2i+1)}$$

となります.十分に i が大きいときは,

$$準位数のエネルギー毎密度 \fallingdotseq \frac{2\pi i}{\varepsilon_1} \propto \sqrt{\varepsilon_i}$$ といえます.

3次元ではエネルギーが高くなるほどエネルギー準位同士の差が縮まります.この結果から,3次元の世界に住む私たちが,エネルギーが飛び飛びの値を取ることを気付かないのも無理がないことが納得できます.

■コラム2 井戸の深さが有限だったとき

より現実に近い系として,$V(x)$ が次式で表される「有限深さの井戸型ポテンシャル」を取り上げます.ただし $-V_0$ は負の値です.ポテンシャルの基準は,$|x|=\infty$ における $V(x)=0$ が基準です.

$$V(x) = \begin{cases} 0 & -\infty < x \leq -L \\ -V_0 & -L < x < L \\ 0 & L \leq x < \infty \end{cases}$$

今回注目するのは,$-V_0 < \varepsilon < 0$ というエネルギーの電子が $|x| > |L|$ に存在できるかという点です.このエネルギーの電子は,このポテンシャルに取

り込まれていて，他に逃げていくことはありません．

　それでは方程式を立てて解きましょう．ポテンシャルは$x=0$を中心に対称形をしていますから，解も偶関数$\psi(-x)=\psi(x)$または奇関数$\psi(-x)=-\psi(x)$のいずれかになります．

　シュレディンガー方程式を，各領域にあてはめます．

$$\begin{cases} -\dfrac{\hbar^2}{2m_0}\dfrac{d^2}{dx^2}\psi(x) = \varepsilon\psi(x) & L \leq |x| < \infty \\ -\dfrac{\hbar^2}{2m_0}\dfrac{d^2}{dx^2}\psi(x) = (V_0+\varepsilon)\psi(x) & -L < x < L \end{cases}$$

εは負の値であることから，井戸外の方程式は辺の右・左とも同じ符号になりますから，この方程式から得られる解は指数関数になります．

　一方，$|V_0|$のほうが$|\varepsilon|$よりも大きいことから，井戸内に置ける方程式の右辺の$(V_0+\varepsilon)$は正の値です．したがって，方程式の右辺が正なら，左辺は負になるため，井戸内の波動関数はsinまたはcosになります．図2.4は，上記の解を図にしたものです．この解が，古典力学と大きく異なるところは，井戸の外の$x<-L$や，$L<x$にも電子が存在しえるという点です．この性質は，後述するトンネルダイオードや，ツェナーダイオードの電圧電流特性を支えています．

　なお，$\varepsilon>0$というエネルギーの電子とすれば，それはこのポテンシャルには取り込まれておらず，どこかに走り去ってしまいます．また，$V(x)$の最低値が$-V_0$であることから，それよりも低いエネルギーの電子は存在しません．

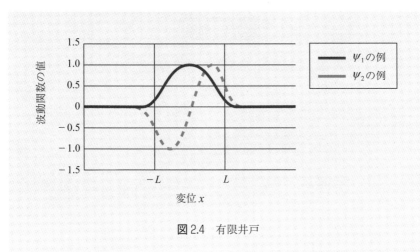

図2.4　有限井戸

力試し問題

① 無限井戸の中の電子のエネルギー無限井戸の中の電子のエネルギー準位は，エネルギー範囲を区切ったとき，1次元の井戸では低エネルギーほど密度が高いこと，2次元の井戸ではエネルギー範囲によらず密度が同じこと，3次元の井戸では高エネルギーほど密度が高いことを，確認しましょう．

② 無限井戸の中の電子について，古典力学と量子力学の差異を，表2.2の形式にまとめなさい．

表2.2　無限井戸内の電子の振る舞いの古典力学と量子力学の差異

	古典力学（我々の常識）による記述	量子力学による記述（無限深さ井戸）	量子力学による記述（有限深さ井戸）
電子の最低エネルギー	①	②	③
電子がもつエネルギー	④	⑤	⑥
電子の存在位置	⑦	⑧	⑨
井戸の外で電子を見る確率	⑩	⑪	⑫

■ 解答例

① 一番多い個数が数個程度になるよう，エネルギーの区割りを適当に設定することとします．一次元では，エネルギーは $\varepsilon = n^2 \varepsilon_1$ で表されます．表 2.3 に示す区切りを考えたときそれぞれについて，それぞれの区切りに何個の電子が存在し得るか求めると，一番エネルギーの低いところが密度が高くなります．

表 2.3　1 次元の量子井戸内の電子の配置

$0 < \varepsilon_n \leq 33\varepsilon_1$	$33\varepsilon_1 < \varepsilon_n \leq 66\varepsilon_1$	$66\varepsilon_1 < \varepsilon_n \leq 99\varepsilon_1$
$(n)^2 = 1,\ 4,\ 9,\ 16,\ 25$	$(n)^2 = 36,\ 49,\ 64$	$(n)^2 = 81$
5 個	3 個	1 個

2 次元の井戸ではエネルギーは $\varepsilon = \left(n_x^2 + n_y^2\right)\varepsilon_2$ で表されます．表 2.4 に示す区切りを考えますと，どこも 6 個または 7 個であり，密度はほとんど同じです．

表 2.4　2 次元の量子井戸内の電子の配置

	$0 < \varepsilon \leq 10\varepsilon_2$	$10\varepsilon_2 < \varepsilon \leq 20\varepsilon_2$	$20\varepsilon_2 < \varepsilon \leq 30\varepsilon_2$
$(n_x)^2 = 1$	$(n_y)^2 = 1, 4, 9$	$(n_y)^2 = 16$	$(n_y)^2 = 25$
$(n_x)^2 = 4$	$(n_y)^2 = 1, 4$	$(n_y)^2 = 9, 16$	$(n_y)^2 = 25$
$(n_x)^2 = 9$	$(n_y)^2 = 1$	$(n_y)^2 = 4, 9$	$(n_y)^2 = 16$
$(n_x)^2 = 16$		$(n_y)^2 = 1, 4$	$(n_y)^2 = 9$
$(n_x)^2 = 25$			$(n_y)^2 = 1, 4$
	6 個	7 個	6 個

3 次元の井戸ではエネルギーは $\varepsilon = \left(n_x^2 + n_y^2 + n_y^2\right)\varepsilon_3$ で表されます．表 2.5 に示す区切りを考えますと，エネルギーが高いほど密度が高くなります．

表2.5 3次元の量子井戸内の電子の配置

	$0 < \varepsilon \leq 6\varepsilon_3$	$6\varepsilon_3 < \varepsilon \leq 12\varepsilon_3$	$12\varepsilon_3 < \varepsilon \leq 18\varepsilon_3$
$(n_x)^2 = 1$	$(n_y)^2 = 1 ; (n_z)^2 = 1, 4$ $(n_y)^2 = 4 ; (n_z)^2 = 1$	$(n_y)^2 = 1 ; (n_z)^2 = 9$ $(n_y)^2 = 4 ; (n_z)^2 = 4$ $(n_y)^2 = 9 ; (n_z)^2 = 1$	$(n_y)^2 = 1 ; (n_z)^2 = 16$ $(n_y)^2 = 4 ; (n_z)^2 = 9$ $(n_y)^2 = 9 ; (n_z)^2 = 4$ $(n_y)^2 = 16 ; (n_z)^2 = 1$
$(n_x)^2 = 4$	$(n_y)^2 = 1 ; (n_z)^2 = 1$	$(n_y)^2 = 1 ; (n_z)^2 = 4$ $(n_y)^2 = 4 ; (n_z)^2 = 1$ $(n_y)^2 = 4 ; (n_z)^2 = 4$	$(n_y)^2 = 1 ; (n_z)^2 = 9$ $(n_y)^2 = 4 ; (n_z)^2 = 9$ $(n_y)^2 = 9 ; (n_z)^2 = 1$ $(n_y)^2 = 9 ; (n_z)^2 = 4$
$(n_x)^2 = 9$		$(n_y)^2 = 1 ; (n_z)^2 = 1$	$(n_y)^2 = 1 ; (n_z)^2 = 4$ $(n_y)^2 = 4 ; (n_z)^2 = 1$ $(n_y)^2 = 4 ; (n_z)^2 = 4$
$(n_x)^2 = 16$			$(n_y)^2 = 1 ; (n_z)^2 = 1$
	4 個	7 個	12 個

②

	古典力学（我々の常識）による記述	量子力学による記述（無限深さ井戸）	量子力学による記述（有限深さ井戸）
電子の 最低エネルギー	① 0 である	② 0 ではない	③ 0 ではない
電子が もつエネルギー	④ 連続的に変わる $E = \frac{1}{2}mV^2$	⑤ 許されるのは飛び飛びの値	⑥ 許されるのは飛び飛びの値
電子の存在位置	⑦ どこも同じ確率	⑧ 存在しやすいところとしにくいところがある	⑨ 存在しやすいところとしにくいところがある
井戸の外で 電子を見る確率	⑩ 0	⑪ 0	⑫ 0 ではない

3章　原子やポテンシャル中の電子

本章で学ぶこと

　水素原子内の電子の軌道は，シュレディンガー方程式を解くことで求めることができます．その解は，主量子数 n，方位量子数 l，磁気量子数 m，電子のスピン s によって指定する複数個ですが，電子は最低のエネルギーの軌道を回ります．

　多電子原子内にも電子が占めることができる軌道がいくつかあり，電子はなるべく低いエネルギーの軌道を回ろうとしますが，パウリの排他律によって同じ軌道を回ることができる電子の数は1つだけに限られます．同じ主量子数の電子軌道群を殻と呼びます．満杯になった殻を閉殻と呼び，満杯でない殻を開殻と呼びます．開殻内の電子を価電子と呼びます．価電子の数はその原子の化学的な性質に大きく影響します．閉殻は化学的に安定です．ですから，閉殻だけを含む不活性ガスは，化学的に安定です．

　周期表は原子番号の順に，化学的な性質を踏まえながら原子を表にまとめたものです．周期表において縦の列は，最外殻電子の配置が同様であり，化学的な性質も似ています．電子の軌道は内側から順番に詰まっていきますが，大きな原子番号の電子については必ずしも規則性が保たれるわけではありません．

(1) 水素原子とボーア理論（電子がひとつだけの原子）

　水素原子は，原子核とその周りを回る1つの電子からできています．水素原子の原子核は陽子1つです．電子と原子核には負と正の電荷が引きつけ合うクーロン力が働きます．一方，電子が半径 r で公転すると，電子には遠心力が働いて，原子核から離れようとします．安定な公転軌道ならば，引きつけ合う力と離れようとする力がつり合う条件になります．

引力（クーロン力）　$F_1 = \dfrac{q^2}{4\pi\varepsilon r^2}$

反発する力（遠心力）　$F_2 = m_e \dfrac{v^2}{r}$

両者はつりあうため，$\dfrac{q^2}{4\pi\varepsilon r^2} = m_e \dfrac{v^2}{r}$

なお，ε は真空中の誘電率であり，8.854×10^{-12} F/m です．

一方，電子には波動性があるため，原子の回りを1回転する軌道の総延長が，電子の波長の整数倍でなければなりません（図3.1）．これを数式で表せば次式になります．

$$2\pi r_n = n \times \lambda = n \times \dfrac{h}{p} = n \times \dfrac{h}{m_e v_n}$$

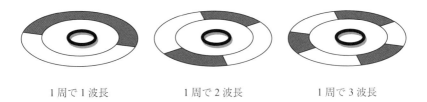

1周で1波長　　　　1周で2波長　　　　1周で3波長

図3.1　軌道一周と波長

なお r_n と v_n は，電子軌道が電子の波長の n 倍のときの，公転半径と速度を表します．両者を連立させると，公転半径と速度それぞれは次式で表せます．

$$r_n = \dfrac{\varepsilon h^2}{\pi m_e q^2} n^2$$

$$v_n = \dfrac{q^2}{2\varepsilon h} \dfrac{1}{n}$$

この条件に対応するエネルギーを求めます．電子は，クーロン力によるポテンシャルにとらえられ，真空中に電子が独立して存在している場合に比べて低いエネルギーになっています．一方，公転することによる運動エネルギーを持っています．これら2つを足したものが，電子のエネルギーになります．

$$\begin{aligned}
E_\mathrm{n} &= \int_\infty^{r_\mathrm{n}} \frac{q^2}{4\pi\varepsilon r^2}\mathrm{d}r + \frac{1}{2}m_\mathrm{e}v_\mathrm{n}^2 \\
&= \left[\frac{-q^2}{4\pi\varepsilon r}\right]_\infty^{r_\mathrm{n}} + \frac{1}{2}m_\mathrm{e}v_\mathrm{n}^2 \\
&= \frac{-q^2}{4\pi\varepsilon r_\mathrm{n}} + \frac{1}{2}m_\mathrm{e}\left(\frac{q^2}{2\varepsilon h}\frac{1}{n}\right)^2 \\
&= -\frac{m_\mathrm{e}q^4}{8\varepsilon^2 h^2}\frac{1}{n^2} \\
&= -13.6\text{ eV} \times \frac{1}{n^2} \qquad (n=1,\ 2,\ 3\cdots)
\end{aligned}$$

　両者を足したエネルギーが負だということは，陽子と電子が別々に存在するよりも，両者がクーロン力で結びついて水素原子をつくる方が安定だということを意味します．

　こうして電子の軌道は複数個得られました．どの軌道も許される軌道ですが，その中で電子が実際に回るのは基底状態である $n=1$ の軌道になります．そのときの公転半径 r_1 は 5.3×10^{-11} m $= 0.053$ nm です．この計算値はボーア半径と呼ばれ，実際の水素原子の半径と矛盾しない値です．

(2) 水素原子内の電子の準位と発光

　前節で，水素原子内で電子は，条件を満たす軌道のみ回ることを理論的に確認しましたが，このことは実験的にも確認されています．水素原子内の電子は，もしも紫外線（すなわち高いエネルギーをもった粒子）のエネルギーを受けることができたとき，それまでの順位よりも高エネルギーの順位へと軌道を変えます．また，高エネルギーの準位（$n=i$）にある電子は，ある確率でより低いエネルギーの準位（$n=j<i$）に軌道を変えます．この，軌道が変更される現象のことを「遷移」と呼びます．遷移する際は両軌道のエネルギー差の光を放出します．その放出された光の振動数 ν やエネルギーを分析すると，次の関係を満たしています．

$$\begin{aligned}
h\nu = E &= E_\mathrm{i} - E_\mathrm{j} \\
&= -\frac{m_\mathrm{e}q^4}{8\varepsilon^2 h^2}\left(\frac{1}{i^2} - \frac{1}{j^2}\right)
\end{aligned}$$

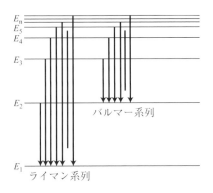

図 3.2 水素原子内の準位での電子の遷移

この水素の発光の測定から，水素原子内に電子が存在できるエネルギー準位がいくつもあることが確認できます．

(3) 水素原子内の軌道

水素原子内に許される軌道群は，量子力学によって厳密に解を求めることができます．原子は3次元空間内にあるため，軌道は3つの量子数で決定されます．3つの量子数それぞれには主量子数n，方位量子数l，磁気量子数mという名前が付けられています．

表3.1 量子数

n（主量子数）	l（方位量子数）	m（磁気量子数）	同じnの軌道の数
1（K殻）	0（s軌道）	0	2個
2（L殻）	0（s軌道）	0	8個
	1（p軌道）	$-1, 0, 1$	
3（M殻）	0（s軌道）	0	18個
	1（p軌道）	$-1, 0, 1$	
	2（d軌道）	$-2, -1, 0, 1, 2$	
4（N殻）	0（s軌道）	0	32個
	1（p軌道）	$-1, 0, 1$	
	2（d軌道）	$-2, -1, 0, 1, 2$	
	3（f軌道）	$-3, -2, -1, 0, 1, 2, 3$	
n	$l=1$	0	$2 \times n^2$個
	⋮		
	l	$-l, 1-l, \cdots, l-1, l$	
	⋮		
	$l=n$	$-n, 1-n, \cdots, n-1, n$	

量子数が取り得る値は，表3.1にも示すように

$n = 1, 2, 3, \cdots$

$l = 0, 1, \cdots, n-1$

$m = -l, 1-l, \cdots, -1, 0, 1, \cdots, l-1, l$

です．同じnの電子軌道群のことを殻といい，$n=1, 2, 3, 4$ それぞれの殻は，K殻，L殻，M殻，N殻と呼ばれます．また，$l=0$の軌道をs軌道，$l=1$ならばp軌道，$l=2$はd軌道，$l=3$はf軌道と呼ばれます．

なお，lやmによって区別される軌道が区別できるのは磁界があるときだけです．磁界＝0のときに区別できるのは主量子数だけであり，前節で紹介した遷移の際の放出されるエネルギーに関連するのは主量子数だけでした．

(4) 多電子原子とパウリの排他律

一般的な原子は正に帯電した原子核と，その周りを回る複数個の電子からできています．原子核中には，電子と同じ数の陽子が含まれています．陽子の数は原子番号と呼ばれます．多数電子が含まれる原子内の電子に許される電子の軌道も，基本的に水素原子内のときと同じであり，主量子数n，方位量子数l，磁気量子数mで指定でき

る軌道です．電子のスピン s は磁界に対して平行と反平行の 2 通りが許され，これも電子の軌道を決めています．電子は基本的にはなるべく低いエネルギーの軌道を回ります．

ただし，パウリの排他律という，「同じ軌道は 1 つの電子しか占めることができない」という重要な原則があります．そのため，電子が 3 個の Li 原子の場合，2 個の電子は $n=1$ の軌道を回りますが，パウリの排他律によって 3 個目の電子は $n=2$ の軌道を回ります．このように，多電子原子では主量子数の小さな軌道から順に電子で埋められていきます．

なお，原子核を回る電子の数が大きくなってゆくと，電子が埋める軌道は必ずしも主量子数の大小だけでは説明しきれなくなります．多電子原子内の電子の配置をまとめると，表 3.2 のようになります．

表3.2 多電子原子内の電子配置

原子番号	元素記号	各軌道への電子の数										電子配置の表現例
		$n=1$ (K殻)	$n=2$ (L殻)		$n=3$ (M殻)			$n=4$ (N殻)			
		1s	2s	2p	3s	3p	3d	4s	4p	4d	4f	
1	H	1										1s
2	He	2										$1s^2$
3	Li	2	1									2s
4	Be	2	2									$2s^2$
5	B	2	2	1								$2s^2 2p$
6	C	2	2	2								$2s^2 2p^2$
7	N	2	2	3								$2s^2 2p^3$
8	O	2	2	4								$2s^2 2p^4$
9	F	2	2	5								$2s^2 2p^5$
10	Ne	2	2	6								$2s^2 2p^6$
11	Na	2	2	6	1							3s
12	Mg	2	2	6	2							$3s^2$
13	Al	2	2	6	2	1						$3s^2 3p$
14	Si	2	2	6	2	2						$3s^2 3p^2$
15	P	2	2	6	2	3						$3s^2 3p^3$
16	S	2	2	6	2	4						$3s^2 3p^4$
17	Cl	2	2	6	2	5						$3s^2 3p^5$
18	Ar	2	2	6	2	6						$3s^2 3p^6$
19	K	2	2	6	2	6		1				4s
20	Ca	2	2	6	2	6		2				$4s^2$
21	Sc	2	2	6	2	6	1	2				$3d\,4s^2$
22	Ti	2	2	6	2	6	2	2				$3d^2\,4s^2$

満杯になった殻を閉殻と呼び，満杯でない殻を開殻と呼びます．基本的に原子は複数の閉殻と1つの開殻からなります．開殻内の電子を価電子と呼びます．価電子の数はその原子の化学的な性質に大きく影響します．閉殻は化学的に安定です．ですから，閉殻だけを含む原子は化学的に安定です．それはヘリウム（He）やネオン（Ne）やアルゴン（Ar）といった不活性ガスと呼ばれる原子のことです．リスト内の不活性ガス以降の原子には，必ずその不活性ガスの電子配置が含まれています．ですから，

原子内の電子配置を表現する際に，不活性ガスの分を略すことがあります．

(5) 多電子原子の化学的性質

多電子原子を原子番号順に，化学的な性質をふまえながら並べたのが周期表です．表 3.3 は最外殻の原子配置も示した周期表です．図中の例えば $2p^4$ とは，$n=2$ の殻内の p 軌道を回る電子が 4 つという意味です．原子の化学的性質は，前節で述べたように，価電子の影響を受けます．周期表で縦に並んだ原子は，最外殻電子の配置が同様であることから，化学的な性質も似ています．

表3.3 周期表と最外殻の電子配置

H 1s											He $1s^2$
Li 2s	Be $2s^2$				B $2s^2$ 2p	C $2s^2$ $2p^2$	N $2s^2$ $2p^3$	O $2s^2$ $2p^4$	F $2s^2$ $2p^5$	Ne $2s^2$ $2p^6$	
Na 3s	Mg $3s^2$				Al $3s^2$ 3p	Si $3s^2$ $3p^2$	P $3s^2$ $3p^3$	S $3s^2$ $3p^4$	Cl $3s^2$ $3p^5$	Ar $3s^2$ $3p^6$	
K 4s	Ca $4s^2$	Sc 3d $4s^2$	Ti $3d^2$ $4s^2$	原子番号23〜30の原子	Ga $3d^{10}$ $4s^2$ 4p	Ge $3d^{10}$ $4s^2$ $4p^2$	As $3d^{10}$ $4s^2$ $4p^3$	Se $3d^{10}$ $4s^2$ $4p^4$	Br $3d^{10}$ $4s^2$ $4p^5$	Kr $3d^{10}$ $4s^2$ $4p^6$	

■ コラム3　指数関数と物性

　電気電子材料を学ぶと，数学で学んだ指数関数を色々な場面で見つけることができます．例えば，この章の(2)節では水素ガスに対して紫外線を照射する実験について述べましたが，その実験の中でも指数関数を見つけることができます．水素ガスがたまっている容器内の場所と，紫外線の強度の関係は，図3.3のようになります．

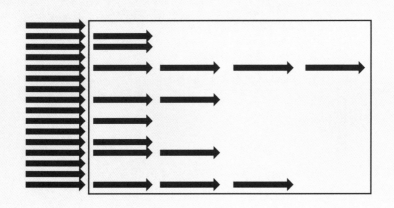

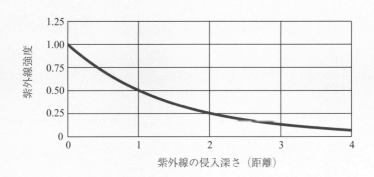

図3.3　水素ガスがたまっている容器へ紫外線強度
　　　と紫外線の侵入深さ（距離）

水素がたまっている容器内に紫外線が入ると，紫外線がある距離だけ進むことで，紫外線の強度が半分になるでしょう．同じ距離だけ紫外線が進むと紫外線の強度はその半分になり，さらに同じ距離だけ進むと半分になります．数式にすると，

紫外線強度は $I(x) = I_0 \times 0.5^{\left(-\frac{x}{L}\right)}$ です．

ただし，x は変位，
$I(x)$ は，変位 x における紫外線強度，
I_0 は，入射したときの紫外線強度，
L は，紫外線強度を半分にする距離
です．

この式は他の物理現象にもよく見られます．例えば放射性物質の放射性崩壊は確率的に生じ，指数関数の特性です．物質によって決まっている半減期という時間が経つごとに，放射性物質の数は半分になります．

3章 原子やポテンシャル中の電子

力試し問題

① ライマン系列，バルマー系列について，表に示すので，水素原子内のエネルギーの関係が式（図 3.2 の式）で表されることを確認しなさい．

■ 解答例

(nm)	1	2	3	4	5	6
ライマン系列	–	122	103	97	95	94
バルマー系列	–	–	656	486	434	410

＜解答に向けた計算＞

エネルギー準位	E_1	E_2	E_3	E_4	E_5	E_6
値（eV）	-13.6	-3.4	-1.51	-0.85	-0.54	-0.38
備考	$\dfrac{m_e^3}{8\varepsilon_0^2 h^2}$	$E_1/4$	$E_1/9$	$E_1/16$	$E_1/25$	$E_1/36$

＜エネルギー準位から求めた値＞

出発の準位	E_1	E_2	E_3	E_4	E_5	E_6
ライマン系列 (eV) (nm)	–	E_1-E_2 10.2 121.6	E_1-E_3 12.09 102.6	E_1-E_4 12.75 97.2	E_1-E_5 13.06 94.9	E_1-E_6 13.22 93.8
バルマー系列 (eV) (nm)	–	–	E_2-E_3 1.89 656	E_2-E_4 2.55 486	E_2-E_5 2.86 434	E_2-E_6 3.02 410

計算で求めた値は，実験で得られた値と一致している．

4章　化学結合

本章で学ぶこと

　本章では，原子同士の化学結合について触れます．結合には電子の働きが大きく影響します．「電気電子」分野で材料を取り扱うのですから，電気電子現象に深く関わる電子の状態に注意を払います．

　特に，自由に動き得る荷電粒子の有無は，その物質が良導体なのか絶縁体なのかを決める重要な性質です．

　なお，本章では，原子が整然と並ぶ結晶にも触れていますが，結晶の詳細については5章で学びます．

(1) 化学結合の前提

　本章では化学結合について学びます．化学結合には電子の振る舞いが大きく影響します．前章で電子軌道と殻構造について述べましたが，閉殻をつくる電子は化学的に安定であり，化学結合に影響しません．一方，開殻中の電子は価電子と呼ばれ，原子同士を結びつける化学結合に寄与します．

　化学結合には原子同士が引きつけ合うことが必要ですが，原子間の距離がある値に安定するには，距離が近づきすぎないための力，すなわち反発する力も必要です．引力と反発する力が働く様子は，図4.1(a)のように考えることができます．距離が遠いときは引力が強く，距離が近いときは反発する力が強く，引力と反発する力が等しいところが安定な距離です．図でいえば距離が1のところです．力を積分したのがポテンシャルです．距離とポテンシャルは図4.1(b)になります．この図では距離が1のところに極小点が安定な原子間距離です．

4章　化学結合

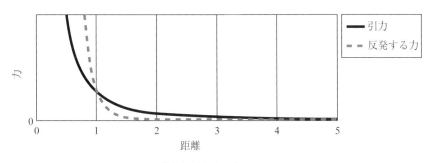

(a) 引力と反発する力

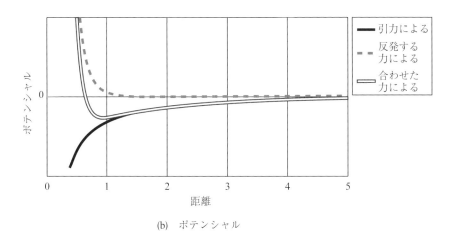

(b) ポテンシャル

図4.1　化学結合

　クーロン力を例にして考えますと，その引力は距離の二乗に逆比例します．そしてポテンシャルは基準の場所から力を線積分したものですので，原子間距離の逆数に比例します．

　原子間にはクーロン力以外の引力が働くことがありますが，反発する力にはある距離から急激に強まる性質があるため，引力の種類が変わっても，安定な原子間距離は大きく変わることはありません．原子同士に働く引力は5種類挙げられますが，電気電子材料の結晶に強く関連する3種類と，その他の2種類に分けて述べます．

(2) イオン結合

イオン結合は結合の引力がクーロン力によるものです．イオン化傾向の異なる原子同士が集まると，陽イオンになりやすい原子は電子を放出し，陰イオンになりやすい原子は電子を受け取ります．その結果，陽イオンと陰イオンがつくられ，クーロン力によって化学結合がつくられます．例としては，正イオンの Na^+ と負イオンの Cl^- から成る NaCl 結晶が挙げられます．NaCl の結晶の様子を図 4.2 に示します．

小さな方：Na^+ イオン
大きな方：Cl^- イオン

図 4.2 塩化ナトリウムの結晶

Na^+ 内の電子の配置は Ne と同じであり，閉殻構造をつくっています．一方，Cl^- 内の電子の配置は Ar と同じであり，同様に閉殻構造をつくります．この結合では結晶内のすべての電子は閉殻をつくっていますので，どの電子もどれかのイオンに属します．そのため，電流に寄与することはできません．

イオン結合の結晶において，正イオン同士や負イオン同士では反発し，正と負のイオン同士では引きつけ合うように働きます．そのため，結晶をつくる際は正イオンと負イオンが交互に並ぶ構造になります．図 4.2 では正（負）イオンのまわりには左右・上下・前後の計 6 つの負（正）イオンが接しています．

(3) 共有結合

共有結合は，隣の原子と電子を共有し合う結合です．不対電子がある原子同士が近づいたとき，電子は両原子に共有される「より大きな波長の軌道」をまわるようになることで結合力が生じます．

共有結合の結晶の例としては，ダイヤモンドや Si など IV 族原子が上げられます．これらは最外殻に 4 個の価電子をもつため，1 個の原子は自分の回りの 4 個の原子と共有結合をします．4 個それぞれは対等ですから，原子の回りの価電子は図 4.3(a) のように正四面体の頂点に存在することになります．正四面体は立方体との相性も良く（図 4.3(b)），空間を埋めつくすのに都合の良い形です．

(a) 中央の原子から正四面体の頂点に向けて結合する

(b) 立方体の中の正四面体

図 4.3 金属結晶

共有結合では，価電子は隣の原子との結合に寄与し，局所的な存在になりますから，結晶内を動くような電流は流れません．共有結合の結晶の詳細は次章で述べますが，例えば Si の場合は回りの 4 個の原子と強固な共有結合をつくることから，結晶構造は固くて強くなります．一方，最近接原子が 4 個しかないということから，密度が薄くなります．

(4) 金属結合

金属結合は価電子がすべての金属原子によって共有されることによる結合です．金属の結晶の様子はちょうど豆きんとんに例えることができます．豆きんとんは，白豆と，白餡ベースのペーストからできていますが，金属において各原子から放出された電子は，ペーストの役を担います．そして電子を放出してできた金属イオンは，白豆の役を担います（図 4.4）．例としては，Na や Cu や Ag などの結晶が挙げられます．

図 4.4　金属結晶

　金属結合では，結晶内の価電子は結晶全体に広がっていますので，電流を良く通す結晶となります．金属結晶内の電子の配列は，なるべく高い密度という並び方という傾向があります．また，延性と展性に富みます．結晶配列の詳細は次章で述べますが，隣り合う原子の数が 8 個または 12 個という金属がよく見られます．これは共有結合において隣り合う原子の数が 4 個だったのに比べて多い数です．

(5) その他の結合

　(2) 〜 (4) 節で触れたのは強くて結晶の結合力として良く見られる引力です．一方，他にも原子を結びつける引力には他の種類のものもあります．

　ファンデアワールス結合は電気的に中性な原子や分子の間に働く弱い力です．例えば Ne などの希ガス原子には価電子はありません．そして，外から大まかに見たときには電気的に中性の物体であり，結合力が見られません（図 4.5(a)）．しかし，電子が原子核を回ることで双極子が生じることにより，双極子同士の静電力による結合力が生じます（図 4.5(b)）．これによって，弱い力ではありますが，分子同士を結び付ける力が生じます．メタンやベンゼンなどの分子にも，NH_3 などの有極性分子にも働きます．

(a) 大まかに見れば力は働かない

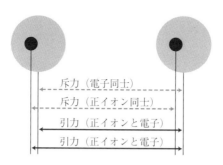

(b) 双極子同士にわずかにクローン力が働く

図 4.5　ファンデアワールス結合

　水素結合は，水素原子と電気陰性度の大きな原子が含まれる化合物に生じる力です．こうした化合物の中で水素原子は，原子と結合する原子に電子を取られてしまいます．その結果，水素の原子核が化合物の外側に現れます．

　水素の原子核は陽子であり，プラスの電荷をもっているので，電気陰性度の大きな原子と結びつくことができます．この結合はファンデルワールスよりも強い結合になります．図 4.6 は水を表すものですが，水分子における水素と，他の水分子の酸素との間に，水素結合の力が働いています．原子半径を考えると水素の原子核は非常に小さいため，水素結合において，水素原子は自分が属する分子と，もう一つの分子を結びつけるのみです．

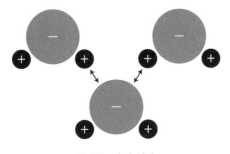

図 4.6 水素結合

4章 化学結合

力試し問題

① 結晶について，表の通り結合力や価電子の位置や電気伝導について表にまとめなさい．

名称	イオン結合	共有結合	金属結合
結合力の説明			
物質の例（教科書内の物質）			
価電子の存在位置			
電気伝導の容易さ			

② 二次元の結晶として仮想的に図4.7を考える．それぞれの構造は，イオン結合・共有結合・金属結合のうちどの結合によるものか検討しなさい．

(a) 正方形の構造　　(b) 正三角形の構造　　(c) 正六角形の構造

図4.7　二次元の結晶

■ 解答例

①

名称	イオン結合	共有結合	金属結合
結合力の説明	正負のイオンがクーロン力で結合	隣の原子同士が電子を共有しあうことで結合	価電子がすべての金属原子によって共有されることによる結合
物質の例（教科書内の物質）	NaCl	Si	Na, Cu, Ag
価電子の存在位置	電子は必ずどれかの原子に属します	共有結合を担う電子は隣り合う原子に共有されています	価電子は結晶内全体に広がっています
電気伝導の容易さ	電気伝導はありません．結晶全体を動く電子はありません	電気伝導はありません．結晶全体を動く電子はありません	電気伝導があります．価電子は結晶全体を動けます

注意：結晶内の電子には，最外殻の価電子か，閉殻内にあって特定の原子に属す電子の2種類がありますが，閉殻内の電子は電気伝導には寄与しませんので，ここでは考えません．

②

　イオン結合は(a)と(c)が候補です．(a)と(c)では隣り合う原子が異種になりえますが，(b)ではそれが不可能です．

　共有結合は(a)と(c)が候補です．原子の最外殻の電子の数は8個が基本であり，隣同士の原子が最外殻の電子を共有しあうということは，隣の原子の数は4個以内です．

　金属結合は(b)が候補です．金属結合の結合力は価電子が結晶全体に広がることによるため，一つの原子に隣接する原子の数は多くなり，結晶全体の密度も高めです．

5章 結晶

本章で学ぶこと

物質は基本的に気体・液体・固体という 3 つの状態のいずれかにあたります．また，固体は原子が周期的に並ぶ結晶と，周期性のないアモルファスがあります．電気電子材料として良く使われる金属や半導体は結晶です．本章では，結晶について詳しく学びます．まずは結晶の基本的性質について触れます．続いて，具体的な結晶の例として，体心立方構造，面心立方構造，六方最密構造，閃亜鉛構造，ダイヤモンド構造について触れます．

(1) 結晶構造

結晶は原子が周期的に整然と並んだものです．結晶の例を図 5.1 に示します．この構造は，体心立方と呼ばれます．体心立方構造を取る原子が集まった場合，この構造の繰返しが空間を埋めてきます．

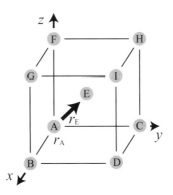

図 5.1　結晶の例（体心立方）

51

この結晶構造は2種類の原子によってつくられています．1種類は，立方体の頂点に在る原子であり，図中ではAとB，C，D，F，G，H，Iそれぞれに対応します．これら8つの原子は，「立方体の頂点に在る」という意味で対等です．これら8つの原子の座標 r は，

$$r = n_1 \boldsymbol{x} + n_2 \boldsymbol{y} + n_3 \boldsymbol{z}$$

と表すことができます．ただし，x, y, z は結晶軸に沿った単位ベクトルであり，n_1, n_2, n_3 は整数です．この図において，n_1, n_2, n_3 それぞれを当てはめるならば，

原子	n_1,	n_2,	n_3
A	0,	0,	0
B	1,	0,	0
C	0,	1,	0
D	1,	1,	0
F	0,	0,	1
G	1,	0,	1
H	0,	1,	1
I	1,	1,	1

となります．

　結晶の，図に現れていない部分では，n_1, n_2, n_3 が上記以外の組み合わせの整数になります．A～DとF～Iのどの原子を見ても，原子の $\frac{1}{8}$ が立方体に属しています．したがって，この立方体内に属する原子の数は，$8 \times \frac{1}{8} = 1$ により，1個です．

　もう1種類は，立方体の中央部Eに位置する原子です．

　この原子の座標は

$$r_E = 0.5\boldsymbol{x} + 0.5\boldsymbol{y} + 0.5\boldsymbol{z}$$

です．

　結晶は繰り返しであり，このように「立方体の中心にある原子」は

$$r = (0.5 + n_1)\boldsymbol{x} + (0.5 + n_2)\boldsymbol{y} + (0.5 + n_3)\boldsymbol{z}$$

と表すことができます．この種類の原子も立方体ひとつごとに 1 個です．

A と E それぞれに塩素とセシウムが位置する塩化セシウムは，この構造の結晶の例のひとつです．

結晶構造を一般論に拡張して考えると，さまざまな構造があります．単位格子内の原子の数は 2 個とは限りません．また，x, y, z それぞれのベクトルの長さが同じとは限らないし，それぞれ 90 度ずつ異なる方向を指しているとも限りません．以下の節では，電子材料によく見られる，体心立方構造，面心立方構造，六方最密構造，閃亜鉛構造，ダイヤモンド構造について取り上げます．

(2) 体心立方構造

体心立方（BCC，Body Centered Cubic）構造の単位格子だけ書き直したのが先に示した図 5.1 です．ベクトル x, y, z はそれぞれ 90 度ずつ異なる方向を向きます．また，ベクトル x, y, z の長さはどれも同じ長さです．ここではその長さを a と置きます．

まずは原子による立方体があり，その中央にも原子があります．

ここで原子 E が原点になるように考え直すと，原子の場所は，

$$r_E = n_1 x + n_2 y + n_3 z$$

$$r_A = (0.5 + n_1)x + (0.5 + n_2)y + (0.5 + n_3)z$$

の 2 つとなり，最初の式と比べて原子 A，E が置き換わった形で表現できることになります．（このとき，周期構造を考えると 1.0× は 0× と同じとして扱いました．）これは，原子 A と E が結晶内で全く対等であるということを意味します．

原子同士の距離を考えてみましょう．立方体の頂点同士の距離は a です．一方，頂点と中央の距離 r は，

$$r = a \times \frac{\sqrt{3}}{2} \fallingdotseq 0.87$$

です．

したがって，原子 A と原子 E はそれぞれ最近接原子（もっとも近い原子）という関係になっています．原子 E の最近接原子は，原子 A, B, C, D, F, G, H, I の

8個です.

体心立方構造が,ピンポン玉のように固い球でつくられていたとし,どの原子も全く同じ直径だとしたときの充填率を求めてみましょう.最近接原子の距離が $a \times \dfrac{\sqrt{3}}{2}$ であることから,球の直径も $a \times \dfrac{\sqrt{3}}{2}$ です.体積 a^3 の立方体内に 2 個の直径 $\dfrac{\sqrt{3}a}{2}$ の球が存在することから,充填率 f は

$$f = \dfrac{2 \times \dfrac{4}{3}\pi \left\{ \dfrac{\sqrt{3}}{4}a \right\}^3}{a^3} = \dfrac{\sqrt{3}}{8}\pi = 0.68$$

です.

この結晶構造の原子の例としては,Li,Na などの金属が上げられます.

(3) 面心立方構造

NaCl の結晶構造は前章の図 4.2 に示しました.イオン結合であり,Na^+ イオンと Cl^- イオンが交互に並んでいます.Na^+ イオンから見れば,前後・上下・左右に Cl^- イオンが隣接しています.この関係は,Na^+ イオンから Cl^- イオンを見たときも同じです.それぞれが対等な関係になっています.

この立方体のうち,Na^+ イオンだけ取り出したものが,面心立方(FCC, Face Centered Cubic)構造です.もちろん,Cl^- イオンだけ取り出しても FCC です.この構造を書き直したのが図 5.2 です.

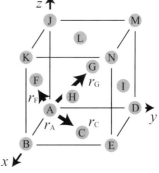

図 5.2 面心立方

FCC構造には，まず立方体A，B，D，E，J，K，M，Nがあります．さらに，C，F，G，H，I，Lが立方体の6つの面それぞれの中央（面心）に位置します．面心の原子は，原子の半分がこの立方体に属しています．したがって，CとLは，原子の上半分と下半分であり，合わせて原子1個がこの立方体に属すことになります．FとIにより1個，GとHにより1個がこの立方体に属しますので，頂点と併せると合計4個の原子がこの立方体に属すことになります．

単位格子内には，

$r_A = 0x + 0y + 0z$（すなわち，原点）

$r_C = 0.5x + 0.5y + 0z$

$r_F = 0.5x + 0y + 0.5z$

$r_G = 0x + 0.5y + 0.5z$

という場所にそれぞれ1つずつの原子が見られます．頂点の原子Aにとって一番近いのは，面心の原子です．頂点同士の距離をaとすると，頂点から面心までの距離は$a \times \dfrac{\sqrt{2}}{2} \fallingdotseq 0.71a$です．頂点の原子から見て最近接の「面心の原子」の数は12個です．面心立方構造が，ピンポン玉のように固い球でつくられていたとすると，体積a^3の立方体内に4個の直径$\dfrac{\sqrt{2}a}{2}$の球が存在することから，充填率fは

$$f = \dfrac{4 \times \dfrac{4}{3}\pi \left\{\dfrac{\sqrt{2}}{4}a\right\}^3}{a^3} = \dfrac{\pi}{3\sqrt{2}} = 0.74$$

です．さきほど計算した体心立方構造よりも充填率が高くなっています．FCC構造の結晶としては，Au，Ag，Cuなどの金属が上げられます．

(4) 六方最密構造

球体を並べて，3次元空間を高い密度で埋め尽くしたいならば，構造は三角形が基本です．図5.3に，三角形の層を積み重ねる例を示します．左の図は一層目です．中央の図は二層目も積み重ねたものです．右の図はさらに三層目の層も積み重ねたものです．これが繰り返されれば空間を埋めつくすことができます．各層の三角形は，上隣りや下隣りの層とずれた構造になります．この構造を六方最密構造といいます．

図5.3 六方細密構造

この構造では最近接の原子の数は12個です．その内訳は，同じ原子層内に6個，下の層に3個，上の層に3個です．金属結合は，電子の海の中に金属のイオンが浮かんでいるというものであり，結合はどこかの方向に利くのではなく，こうした細密最密構造になる可能性が高いです．三角形の層の重なりであることから，全ての原子が対等なのも明らかです．この構造の結晶としては，Be, Mg, Ti, Zn などの金属が上げられます．

(5) 最密構造

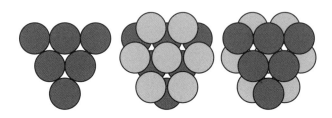

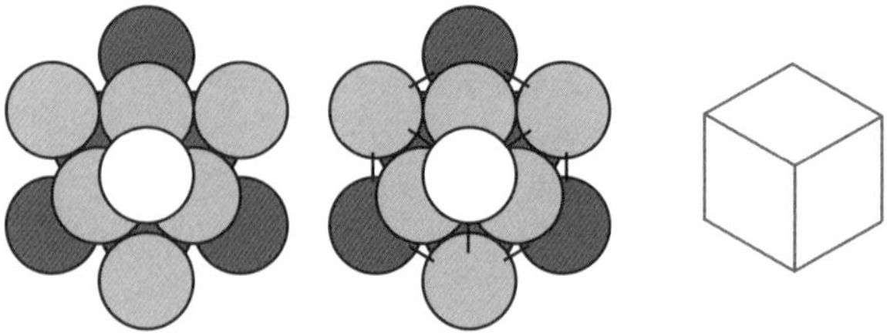

図5.4 FCC構造

最密構造には六角最密に加えてFCC構造も該当します．図5.4はFCC構造であり，手前から見て一層目は円を白で，二層目は灰色で，三層目は黒で表します．FCC構造はこれら三種類の層が繰り返すものです．ですから四層目は一層目と同じ並び方になります．六方最密構造では繰り返す三角形の層は2種類でした．一方この節で説明するFCCでは，3種類の三角形の層が繰り返します．

三角形の層の重なりであることから，どちらの構造においても全ての原子が対等なのは明らかです．原子の密度は，六方細密最密とFCC構造では全く同じです．図5.4の中央の図は補助線が入っているので，三角形の層が重なっている中でFCC構造を見つけることができます．

(6) 閃亜鉛構造とダイヤモンド構造

閃亜鉛構造は，2種類の原子によってつくられる図5.5の結晶構造です．この図を見ると，まずは長さaの辺をもつ立方体のFCC構造の原子（図5.2と同じだが，ここでは原子識別のアルファベットA〜Nは省く）が，濃い色の円で表され，さらに加えて4つの原子O，P，Q，Rが追加されたものです．もともとFCCは単位格子内に4つの原子がありますから，閃亜鉛構造では合計で8つの原子によって単位格子がつくられます．

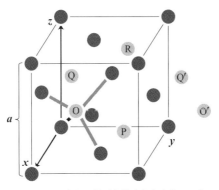

この図はダイヤモンドまたは閃亜鉛構造を表すものである．

図5.5　結晶構造

原子 O, P, Q, R は，もともとの FCC 構造を，x 軸方向に $\frac{a}{4}$ の長さ，y 軸方向に $\frac{a}{4}$ の長さ，z 軸方向に $\frac{a}{4}$ の長さだけ移動させたものです．

確認のために原点の原子を起点に，x 軸方向に $\frac{a}{4}$ の長さ，y 軸方向に $\frac{a}{4}$ の長さ，z 軸方向に $\frac{a}{4}$ の長さだけ伸ばしたベクトルが，図中の濃い色の線です．この操作によって，原子 O に到達しました．同じ操作を FCC 構造の原子に施しますと，ずらした結果が立方体内部に収まるのは起点が

$0\boldsymbol{x} + 0\boldsymbol{y} + 0\boldsymbol{z}$ の原子（原子 O に達する）

$\left(\frac{a}{4}\right)\boldsymbol{x} + \left(\frac{a}{4}\right)\boldsymbol{y} + 0\boldsymbol{z}$ の原子（原子 P に達する）

$\left(\frac{a}{4}\right)\boldsymbol{x} + 0\boldsymbol{y} + \left(\frac{a}{4}\right)\boldsymbol{z}$ の原子（原子 Q に達する）

$0\boldsymbol{x} + \left(\frac{a}{4}\right)\boldsymbol{y} + \left(\frac{a}{4}\right)\boldsymbol{z}$ の原子（原子 R に達する）

という 4 つです．

　図の中の原子 O から回りに伸びる四本の斜めの線は，化学結合を表すものです．原子 O の最近接原子の数は 4 個であり，4 つとも異種の原子です．また，周りの 4 つの原子は，原子 O を中心に正四面体の頂点になります．同様に，原子 P, Q, R を起点として考えても同様に正四面体を見つけることができます．

　閃亜鉛構造の，右側面中心にある原子を起点に考えてみましょう．その原子の左側の近くに，まずは原子 P と R を見つけることができます．その原子の右側には原子 O' と Q' を見つけることができます．なお，O' と Q' は，O と Q を y 軸方向に a だけ移動させたものであり，単位格子外の原子です．このように，最近接原子の数は 4 個であり，4 つとも異種の原子です．したがって，どの原子も対等であるといえます．図の中の全てが同じ原子からできている場合，この構造をダイヤモンド構造といいます．

　閃亜鉛構造の結晶には，ZnSe, GaAs などの化合物が挙げられます．ダイヤモンド構造の結晶には，ダイヤモンド，Si, Ge などが挙げられます．

　原子同士の距離を考えてみましょう．図 5.5 では頂点と頂点を結ぶ辺は長さ a で

す．このとき，原点から見たら最近接の原子は原子 O ですから，最近接原子間の距離 r は，

$$r = a \times \frac{\sqrt{3}}{4} \fallingdotseq 0.43a \text{ です．}$$

この構造が，ピンポン玉のように固い球でつくられていたとすると，体積 a^3 の立方体内に 8 個の直径 $\frac{\sqrt{3}a}{4}$ の球が存在することから，充填率 f は

$$f = \frac{8 \times \frac{4}{3}\pi\left\{\frac{\sqrt{3}}{8}a\right\}^3}{a^3} = \frac{\sqrt{3}\pi}{16} = 0.34$$

となります．最密構造に比べて約半分の充填率であり，密度が薄い材料であることがわかります．

力試し問題

単純立方の結晶の充填率を計算しなさい．ただし，結晶をつくる原子は完全な球体と仮定し，最近接の原子同士は球が接しているものとする．

■ 解答例

単純立方（図5.6）の場合について計算する．原子を表す球が半径 r と表すと，結晶をつくる単位は辺の長さ $2r$ の立方体である．球1つの体積 V_0 は $\frac{4\pi}{3} \cdot r^3$ である．立方体内の原子の体積 V_1 は，原子 A～H の $\frac{1}{8}$ を含む．原子の数は8個であるため，$V_1 = 8 \times \frac{V_0}{8} = V_0$ である．一方，立方体の体積 V_2 は $(2r)^3$ である．以上により充填率 $\frac{V_1}{V_2}$ は，$\frac{\frac{4\pi}{3} \cdot r^3}{(2r)^3} = \frac{\pi}{6} \fallingdotseq 0.524$ である．

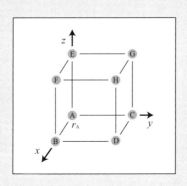

図5.6　単純立法

5章 結晶

結晶構造 立体模型

　結晶構造を理解するための折り紙を紹介します．これは次の様にして模型をつくることができます．

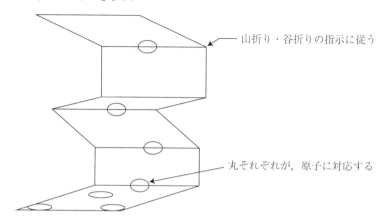

― 山折り・谷折りの指示に従う

― 丸それぞれが，原子に対応する

確認1：P.62の図を使った折り紙を完成させた2つの各立方体は，それぞれ面心構造をしているか．
(6つある全ての面に注目 → 左のサイコロでは面心は，ア4，イ1，イ3，イ4，イ6，ウ4)

確認2：ア4－ア5－ウ5－ウ4を一つの面とする立方体も面心構造をしているか．
(自分で想像して，ア9－ア10－ウ9－ウ10《手前側に出っ張った面》を考えよう．

このとき面心にある原子は，ア7，イ4，イ6，イ7，【イ9】，ウ7)

注意：【イ9】も，自分で想像してください．

確認3：三角形の構造ができているか．
(模型を傾けて，斜めの線が水平になるようにしてください．このとき，4つの原子 ウ2，ウ4，イ1，イ4は，正三角錐をつくっていることを確認してください．一方，今説明した正三角錐と底面を共通する3つの原子 ウ4，イ1，イ3の上には頂点となる原子がないため，同じ正三角錐はつくれません)

(同じ傾きのまま，ウ2の真上の原子を探すと，ア8が見つかります)

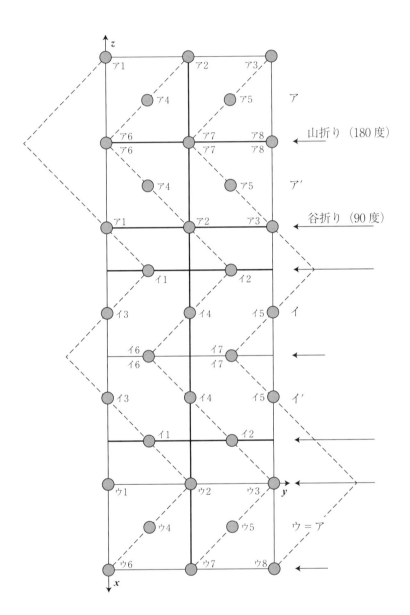

5章 結晶

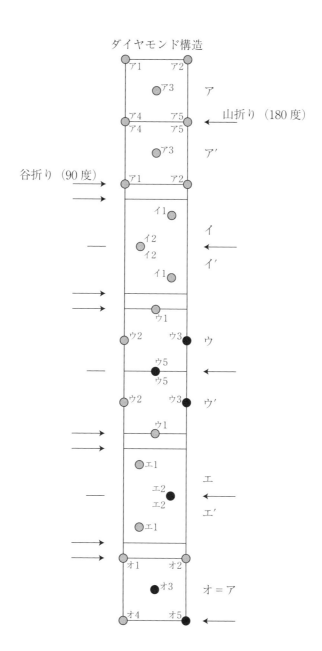

6章　帯理論と統計力学（結晶内部の電子）

本章で学ぶこと

　本章では結晶の中にどのように電子が存在するか学びます．単独原子では電子が存在できたのはエネルギー準位だけでした．それ以外のエネルギーの電子は許されません．一方，結晶内では，電子が存在できるのは許容帯と呼ばれるエネルギーの範囲であり，禁止帯と呼ばれるエネルギーの範囲には存在できません．許容帯は電子が存在する密度によって，充満帯，半満帯，空帯に分けられます．結晶は，金属，絶縁体，半導体に分類できますが，それぞれ特徴的なバンド構造をしています．温度は，金属の電気伝導に対して大きな影響はありませんが，絶縁体，半導体については自由に動きうる電子の数と電気伝導に大きく影響します．

(1)　複数の原子が集まったときの価電子

　価電子が一つの原子が2つ存在するときの各電子の軌道やエネルギーについて表したのが図6.1(a), (b)です．なお，ここで上げているのは具体的な原子ではなく，説明のための仮想的な原子です．

　図6.1(a)は2つの原子が独立に存在したときの様子を示すものであり，両原子内の電子のあり方は同じです．図では原子1つごとに3つの電子がありますが，2個は最低のエネルギーの軌道中にあり，閉殻をつくります．もう1個の電子は下から2番目のエネルギーの軌道中にあり，価電子になります．

　この原子2個を近づけたときの様子が図6.1(b)です．閉殻内の電子はもともと化学結合とは無関係ですから，単体でも2個の原子が近づいた場合も軌道はほとんど変わりません．

6 章　帯理論と統計力学（結晶内部の電子）

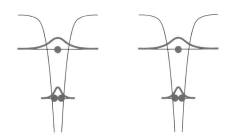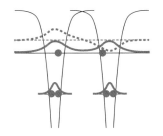

(a)　2 個の原子が独立に存在　　　(b)　2 個の原子が近づいて存在

図 6.1　複数の原子が集まったときの価電子

　一方，価電子は化学結合に寄与する電子であり，原子同士が近づくとお互いに影響しあいます．その結果，その結果，単独の2個の原子それぞれに同じエネルギーの軌道がそれぞれ1本ずつあったところ，それよりも低いエネルギーと，高いエネルギーの2本の軌道に分けられます．新しい2つの軌道それぞれには，上向きスピンと下向きスピンの電子が回る可能性がありますが，もともと価電子の数は2個でしたので，低いエネルギーの軌道には2個の価電子が入り，高いエネルギーの軌道は空っぽになります．

　同じ原子が3個集まったときも同様です．閉殻内の電子は原子自身に属しており，単独の原子の場合と同様です．価電子については，従来は3個の原子それぞれに同じ深さのエネルギーの軌道がそれぞれ1本ずつあったところ，従来よりも低いエネルギーから従来よりも高いエネルギーまで3本の軌道に分けられます．新しい3本の軌道それぞれには，低いエネルギーから順に電子が閉めていきます．3本の軌道で最大6個の電子が回りうるところ，3個の電子が軌道を回ります．

(2) N個の原子が集まったときの電子

続いて図6.1の原子が N 個集まったときについて考えます(図6.2).原子同士が近づくことでお互いに影響しあってできる軌道は N 本であり,電子のスピンを考慮すると $2N$ 個の電子が存在できます.N 本の電子の軌道のエネルギーのぶれ幅は,N が大きくなると一定の値に落ち着きます.原子に対して一番大きく影響するのは近い原子ですが,結晶の構造が決まったならば最近接原子の数も決定してしまうためです.N が大きくなったということは,遠くの原子の数が増えることを意味します.

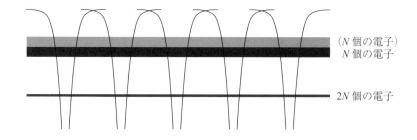

図6.2　N 個の原子が近づいて存在

N の数は非常に大きく,たとえば,Li 金属の場合,$1\,\mathrm{m} \times 1\,\mathrm{m} \times 1\,\mathrm{m}$ の体積では $N = 4.6 \times 10^{28}$ 個の原子からなります.もしも電子の軌道のエネルギーのブレ幅が 10 eV として,均等に軌道がぶれていたとすると,隣の軌道とのエネルギー差は 10^{-28} eV のオーダーになります.この差は非常に小さいので,現実的には帯の中は連続的にエネルギーが変わりうるとして扱えます.これがバンド理論です.

図6.2の中で下の方のバンドは,単独の原子ならば閉殻をつくる電子軌道だったものであり,原子1つあたりの電子の数は2個でした.N 個の原子による結晶ができた場合,この軌道の電子は全部で $2N$ 個になるためこのバンドは電子で満杯になります.なお,閉殻はもともと他の原子の影響をほとんど受けないので,結晶をつくったときの軌道の変化はほんの少しです.そのため,N 本の軌道からなるバンドのぶれは小さいです.

同図の上の方のバンドは，化学結合をする価電子の軌道によるものです．もともと個別の原子のときは，原子1つあたり1個の電子が存在していました．それがまとまって結晶をつくったときは，他の原子の影響を大きく受けてバンドになります．N本の軌道からなるバンドには電子が$2N$個入ることができるところ，もともとこの軌道を回っていた電子の数は$1×N = N$個ですので，バンド内のエネルギーが安定な下半分にN個の電子が入ります．同じバンド内の上半分は，あとN個の電子が入ることが可能です．

(3) 金属のバンド理論

金属結晶内の電子について，どのようなエネルギーがあるか，特徴的な性質だけ抽出し，架空の結晶の様子を示したのが図6.3(a)，(b)です．図6.3(a)は結晶を表し，縦軸と横軸は変位です．多数の原子が規則的に並んでいます．図6.3(b)はエネルギーバンド図であり，横軸は変位，縦軸はエネルギーです．図の上部は電子にとって高いエネルギー状態です．エネルギーバンド図は，電子が存在できない禁止帯と，電子が存在できる許容帯が繰り返されています．また，許容帯の中には，電子で充満している充満帯，電子が空っぽの空帯，電子で半分だけ占められている半満帯があります．

図6.3(a)の①は，原子核に最も近い軌道を回る電子です．図6.3(b)図内では，最も低い充満帯内の電子①です．②の電子は，原子核から2番目に近い軌道の例です．バンド図内では，充満帯内の電子②です．ここで①と②は閉殻の電子であり，ある原子に捉えられているので，電気伝導には寄与しません．③は価電子であり，原子同士の結合に役立っています．金属の場合，価電子は特定の原子に属するのではなく，全ての原子に属しています．したがって，結晶内を自由に動くことができ，電気伝導にも寄与します．バンド図6.3(b)内では半満帯内の電子③です．エネルギーバンド図に半満帯があるのは，金属の特徴です．N個の原子からなる物質は許容帯には$2N$個の電子が入りえますが，今回考えた物質は原子1個あたり価電子が1個なので，半満帯内の価電子の数はちょうどN個です．

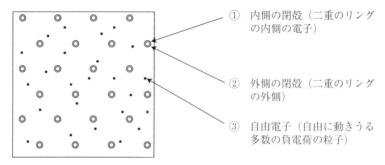

この図の縦と横は変位を示す．
◎は格子点に存在する原子を示す．●は自由に動きうる多数の粒子を示す．

(a) 結晶

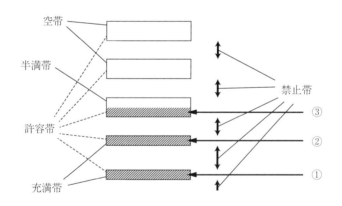

縦軸はエネルギー，横軸は変位を示す．①〜③は電子を指す．

(b) バンド図

図 6.3　金属の結晶とバンド図

(4) 絶縁体のバンド理論

共有結合の結晶を例にして，絶縁体内の電子がどのようなエネルギーにあるか特徴的な性質だけ抽出した架空の結晶の様子を示したのが図 6.4(a)，(b) です．図 6.4(a) は結晶を示す図です．閉殻をつくる電子は，各原子にとらわれています．また，一番外側を回る電子は，隣の原子との共有結合に寄与します．図 6.4(b) はエネルギーバンド図です．禁止帯と許容帯があり，許容帯はさらに充満帯と空帯を含みます．絶縁体のエネルギーバンドは半満帯を含まないのが特徴です．なお，最もエネルギーの高い充満帯を価電子帯，最もエネルギーの低い空帯を伝導帯といいます．また，価電子帯と伝導帯の間にある禁止帯の幅をバンドギャップといい，その値を Eg という記号で表します．ダイヤモンドは絶縁体のひとつですが，バンドギャップは約 5.5 eV です．

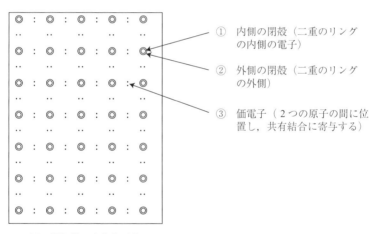

この図の縦と横は変位を示す．
◎は格子点に存在する粒子の様子を示す．小さな点・は局在している電子を示す．

(a) 結晶

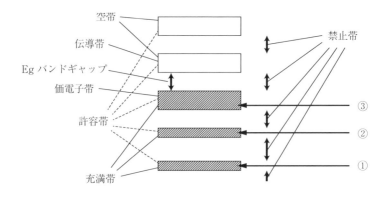

縦軸はエネルギー，横軸は変位を示す．①〜③は電子を指す．

(b) バンド図

図 6.4　絶縁体の結晶とバンド図（その 1）

　図中の電子①は原子核に最も近い閉殻中にあります．また，電子②は原子核に二番目に近い閉殻中にあります．閉殻の電子は原子にとらわれているため，電気伝導に寄与しません．③の電子は価電子であり，エネルギーバンド図では価電子帯内にあります．共有結合の電子なので，ある原子と隣の原子との間にあり，どこかに動くことはありません．以上のように，どの電子も原子，または原子間のいずれかに捉えられ，その存在は局所的であり，この結晶に電気伝導はありません．

(5) 半導体のバンド理論

　共有結合の結晶を例にして，半導体内の電子がどのようなエネルギーにあるか，特徴的な性質だけ抽出して示したのが図 6.5(a)，(b) です．基本的に図 6.4 と同様です．ただし，絶縁体に比べてバンドギャップの値が小さいという特徴があります．代表的な半導体である Si の場合，室温のバンドギャップは約 1.1 eV です．

6章 帯理論と統計力学（結晶内部の電子）

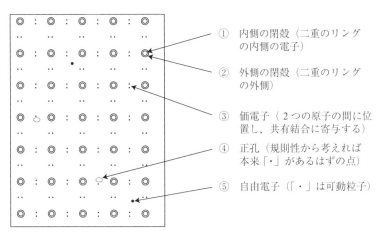

① 内側の閉殻（二重のリングの内側の電子）
② 外側の閉殻（二重のリングの外側）
③ 価電子（2つの原子の間に位置し，共有結合に寄与する）
④ 正孔（規則性から考えれば本来「・」があるはずの点）
⑤ 自由電子（「・」は可動粒子）

この図の縦と横は変位を示す．
◎は格子点に存在する粒子様子を示す．中くらいの点は可動粒子．
小さな点・は局在している電子を示す．

(a) 結晶

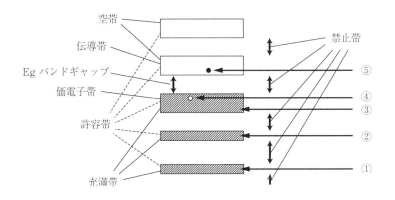

縦軸はエネルギー，横軸は変位を示す．①〜⑤は電子を指す．

(b) バンド図

図 6.5　絶縁体の結晶とバンド図（その 2）

半導体はバンドギャップが絶縁体に比べて小さいおかげで，わずかな刺激によって伝導帯に電子が生じ得ます．例えば，可視光線は 1.6 eV 〜 3.3 eV のエネルギーの電磁波ですが，Si の価電子帯中の電子が可視光のエネルギーを受け取った場合，エネルギーを受けた電子は伝導帯に移ることができます．なぜなら可視光線のエネルギーは Si のバンドギャップよりも大きいからです．

　伝導帯内に電子が生じたのは価電子帯の電子が伝導帯に移ったからですので，今まで価電子があった場所に孔④も生じます．もともとは電気的な正負がバランスしていたところ，孔は電子が抜けて正に帯電しますから，正孔と呼ばれます．

　伝導帯の電子⑤は自由電子と呼ばれ，結晶内を自由に動くことができ，電気伝導に寄与します．一方，価電子帯内の正孔も電気伝導に寄与します．正孔の隣の電子は，正孔の場所に移動できます．これによって，正孔は隣に移動します．この過程が繰り返されることで，正孔も遠くまで移動することができます．電子と正孔の移動を比較すると，シンプルに移動する電子のほうが，正孔よりも動き易いのが普通です．なお，純粋な半導体は，自由電子と正孔の数は同じであり，真性半導体と呼ばれます．真性半導体の自由電子の濃度を真性濃度といいます．

(6) 許容帯内の電子の数

　結晶が N 個の原子からつくられているとき，1 本の許容帯が最大受け入れる電子の数 $2N$ 個が，許容帯全体にどのように分布しているか示すのが図 6.6 です．ちょうど蒲鉾の断面のように，真ん中が膨らみ，許容帯の端は小さくなっています．同図中，微小エネルギー $\Delta \varepsilon$ で区切った中に存在できる電子の数は，矢印の長さに比例します．原子核の近くを回る電子は，隣の原子との相互作用が少ないため，電子が存在するエネルギーはある値に集中します．それに比べて価電子帯や伝導帯は隣の原子との相互作用が大きいため許容帯の幅が広がり，その結果微小なエネルギー範囲 $\Delta \varepsilon$ 内に占めることができる電子の数は小さくなります．

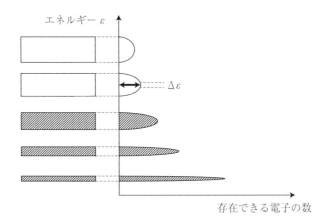

図 6.6　許容帯内の電子の数

(7) 電子の分布と温度の関係

(6) 節までは電子はエネルギーの低い順に詰まっていくものとして説明しました．温度が絶対 0 度の場合は，それで良いのですが，温度 T が 0 度でない場合は，あるエネルギー ε における電子の存在確率は，

$$f(\varepsilon) = \frac{1}{1 + e^{\frac{\varepsilon - \varepsilon_f}{kT}}} \tag{6-1}$$

で表されることが知られています．$f(\varepsilon)$ をフェルミ分布関数と呼びます．ただし，

　ε は注目しているエネルギー [J],

　$f(\varepsilon)$ はそのエネルギーの電子が存在する確率,

　ε_f は電子の存在確率が 50 % のエネルギー [J],（フェルミ準位またはフェルミエネルギーと呼ばれる）

　k はボルツマン定数 [J/K],

　T は絶対温度 [K] です．

この関数をグラフで示したのが図 6.7 です．縦軸がエネルギー，横軸が存在確率です．

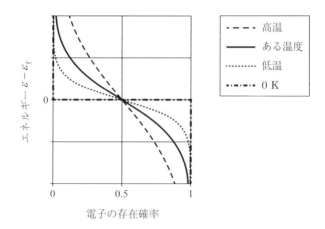

図 6.7　様々な温度でのエネルギーごとの電子の存在確率

$\varepsilon = \varepsilon_f$ のときは，$f(\varepsilon) = 0.5$ です．

$\varepsilon > \varepsilon_f$ のときは，$f(\varepsilon) < 0.5$ であり，が大きくなるほど $f(\varepsilon)$ は 0 に近づきます．

$\varepsilon - \varepsilon_f \gg kT$ のときは，$f(\varepsilon) \approx \dfrac{1}{e^{\frac{\varepsilon-\varepsilon_f}{kT}}} = e^{\frac{\varepsilon_f}{kT}} e^{-\frac{\varepsilon}{kT}}$ であり，指数関数になっているとみなせます．

$\varepsilon < \varepsilon_f$ のときは，$f(\varepsilon) > 0.5$ であり，ε が小さくなるほど $f(\varepsilon)$ は 1 に近づきます．

温度によって分布の形が変わり，温度が高いほど高いエネルギーの電子が存在しやすくなります．

あるエネルギーの電子の数は，図 6.6 で示す「存在できる電子の数」と，式 (6-1) で示す存在確率の掛け算により求めることができます．存在できる電子の数は，状態数と呼ばれます．

金属においては，フェルミ準位は半満帯内のほぼ中央に位置します．図 6.8 は，いくつかの温度での電子の存在の様子を示したものです．0 K においては，半満帯の中のフェルミ準位以下では電子が 100 % 存在し，フェルミ準位以上では電子の存在確率は 0 % になります．

6章　帯理論と統計力学（結晶内部の電子）

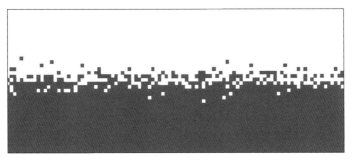

(a) 高い温度

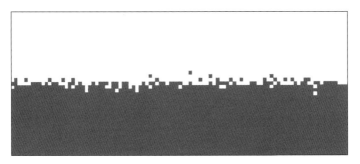

(b) 低い温度

(c) 0 K（最低の温度）

図 6.8　いくつかの温度での電子の存在の様子

温度が少し上がると，高いエネルギー状態の電子が増えるとともに，低いエネルギー状態に空きができます．温度がさらに上がると，高いエネルギー状態の電子はさらに増えると共に，低いエネルギー状態の空きも増えます．どの温度でも半満帯内の電子の数は許容帯の半分です．ですから，温度変化は，金属内の自由電子の数に影響しません．

　絶縁体や半導体におけるフェルミ準位の位置は，大ざっぱにいうなら，エネルギーギャップ内のほぼ中央です．伝導帯内の自由電子数は，温度によって変化します．温度が絶対0度ならば，伝導帯はフェルミ準位よりも高いエネルギー状態なので伝導帯内には電子は存在せず，電気伝導はありません．

　一方，温度が高くなれば，伝導帯内の電子が増えていきます．半導体の伝導帯内の電子の数は，充満帯中の電子の数に比べれば非常に小さな値ですが，ゼロではありません．図6.9は実験的に，不純物のない半導体の自由電子の数を測定したものです．縦軸はlog表記であり，横軸は $\frac{1000}{T}$ です．

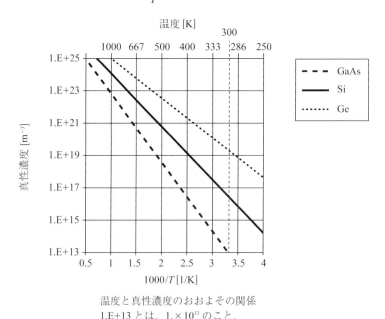

温度と真性濃度のおおよその関係
1.E+13とは，$1.\times 10^{13}$ のこと．

図6.9　温度と真性キャリア濃度

300 K におけるそれぞれ材料のバンドギャップと真性濃度はそれぞれ Ge は 0.66 eV と，2×10^{19} m^{-3}，Si は 1.12 eV と 2×10^{16} m^{-3}，GaAs は 1.43 eV と 1×10^{13} m^{-3} です．バンドギャップが広いほど，真性濃度は少なくなります．また，これら半導体中の自由電子の数は金属の自由電子に比べれば非常に小さな密度です．例として，Li 金属の自由電子の密度は約 5×10^{28} m^{-3} です．

　なお，この図の電子と同じ数だけ価電子帯には正孔が生じます．正孔もまた電気伝導に寄与します．

■ コラム4　バンド内の電子の運動と，フェルミの分布関数の概念の説明

　フェルミ粒子である電子は同じエネルギー状態に対して重なって存在できません．電子が許容帯内に存在する様は，例えばペットボトル容器の中に水が充満する様に例えられます．（図6.10(a)）この図を使って，電流やフェルミの分布関数について例え話をします．空帯は水が空っぽの容器，充満帯は水で充満された容器，半満帯は水が半分詰まった容器です．全く同じではありませんが，概念をつかむときに有効です．水の流れは電流に例えられます．

　空帯（空っぽの容器）では水が存在せず，水の流れは生じません．充満帯（充満した容器）でも水にすき間がないため容器を傾けても水に流れが生じません．半満帯は金属に特徴的な許容帯です．容器を傾ければ，水は自在に動きます．これは，半満帯が電気伝導に寄与することとちょうど対応します．水には重力が加わりますので，低い（床に近い）水は低いエネルギー状態にあり，高い（天井に近い）水は高いエネルギー状態です．水はなるべく低いエネルギーの状態を占めようとします．電圧を印加するということは，容器を傾けることに対応します．（図6.10(b)）下側は，プラスの電圧に対応し，水（電子）は，下側（プラスの電圧）側に流れます．

　ここで，半満帯の容器に外からランダムな振動を加えたときの概念図を図6.10(a)，(c)，(d)，(e)に示します．振動の激しさは温度に対応します．振動が全くないときが絶対0度です．水面は平らになり，それより低いエネルギー状態には水の存在確率は100％であり，それよりも高い場合は0％です．

　一方，振動があれば，水面は平らではなく，水しぶきが高く上がったり，泡が水深く沈んだりします．そして振動が激しいほど，水面から大きく離れたところに水しぶきや泡が見ることができやすくなります．

6 章　帯理論と統計力学（結晶内部の電子）

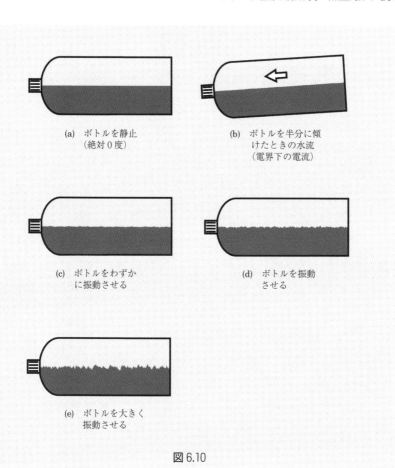

(a) ボトルを静止
    （絶対 0 度）

(b) ボトルを半分に傾
    けたときの水流
    （電界下の電流）

(c) ボトルをわずか
    に振動させる

(d) ボトルを振動
    させる

(e) ボトルを大きく
    振動させる

図 6.10

力試し問題

① フェルミ分布関数 $f(\varepsilon_f + \Delta\varepsilon)$ は，$\Delta\varepsilon \gg kT$ のときに指数関数に置き換えられることを証明しなさい．

② フェルミ分布関数は，$f(\varepsilon_f + \Delta\varepsilon) = 1 - f(\varepsilon_f - \Delta\varepsilon)$ という性質があることを証明しなさい．

■ 解答例

① $f(\varepsilon_f + \Delta\varepsilon) = \dfrac{1}{1 + e^{\frac{(\varepsilon_f + \Delta\varepsilon) - \varepsilon_f}{kT}}} = \dfrac{1}{1 + e^{\frac{\Delta\varepsilon}{kT}}}$

ここで，$\Delta\varepsilon \gg kT$ であれば，指数関数部分は 1 よりも十分に大きくなるため，

$$\dfrac{1}{1 + e^{\frac{\Delta\varepsilon}{kT}}} \approx \dfrac{1}{e^{\frac{\Delta\varepsilon}{kT}}} = e^{-\frac{\Delta\varepsilon}{kT}}$$

すなわち，指数関数に置き換えられた．

② $f(\varepsilon_f + \Delta\varepsilon) = \dfrac{1}{1 + e^{\frac{\Delta\varepsilon}{kT}}}$

$= 1 - \dfrac{e^{\frac{\Delta\varepsilon}{kT}}}{1 + e^{\frac{\Delta\varepsilon}{kT}}}$

$= 1 - \dfrac{1}{1 + e^{-\frac{\Delta\varepsilon}{kT}}}$

$= 1 - f(\varepsilon_f - \Delta\varepsilon)$

7章 金属内の電気伝導

本章で学ぶこと

　本章では金属において電気伝導に寄与する半満帯について学びます．

　まずは，温度が変わっても半満帯はそのままであることを学びます．続いて電界がないときの電子の振る舞いを学びます．電界がないときは，電流は流れませんが，電子が激しく動き，短い時間ごとに衝突する様子を学びます．電界を加えたときの電子の振る舞いも学びます．散乱中心の数が少ないほど電流を流しやすくなります．

(1) 金属内の電子について

　金属の電気伝導は半満帯によって行われるので，本章で取り扱う許容帯は半満帯です．まずは温度が 0 K で電界がないときの半満帯内の電子について述べます．このとき電子はフェルミの分布関数により，フェルミ準位よりも低いところにだけ存在します．半満帯のバンドの下端とフェルミ準位とのエネルギー差は，電子が持っている運動量や速度と対応します．

$$E = \frac{1}{2} \cdot \frac{p^2}{m} = \frac{1}{2} \cdot mv^2$$

　このことからわかるように，0 K であっても，半満帯内の電子は基本的に動き続けています．そのエネルギー差は通常の金属では，およそ 1.6〜14 eV です（図 7.1）．フェルミ準位付近の電子の速度はフェルミ速度と呼ばれ，およそ $0.7 \sim 2.2 \times 10^6$ m/s です．この動きと電流の関係については次節で述べます．

図 7.1　半満帯

室温の電子の分布はフェルミの分布関数から求められます．0 K のときとそれと違いが見られるのは，フェルミ準位を中心として ± 数 kT の範囲です．室温（すなわち 300 K）の $kT = 0.025$ meV は，半満帯のバンドの下端とフェルミ準位のエネルギー差に比べて十分に小さいことから，金属の半満帯内の電子の分布は，温度による影響をほとんど受けないと考えられます．

なお，半導体内の自由に動ける電子の動きにも，(2) 節〜 (5) 節の議論はすべて当てはまります．

(2) 電界がないときの電子の振る舞い

金属の電線があってもその両端が同じ電位ならば，電線に電流は流れません．この物理現象を，金属内の電子の振る舞いを見ながら微視的に検討します．

電界がないときの電子は，等速直線運動と散乱中心への衝突を繰り返しています．（図 7.2(a)）散乱中心は，不純物原子など結晶格子の周期性がずれている場所であり，そこに衝突した電子は散乱します．すなわち，ランダムな方向に向けた等速直線運動を始めます．図 7.2(b) 内の実線は，図 7.2(a) における電子の動きのうちの y 方向へ速度 v_y を取り出したものです．ここで $\tau_n = t_{n+1} - t_n$ は，n 番目の散乱から次の散乱までの時間であり，等速直線運動が続く時間でもあります．図 7.2(a) を時刻 t_1 から少し見てみましょう．

・t_1 の時刻に最初の散乱があり，負の速度が τ_1 だけ続きます．
・次の散乱があり，正の速度が τ_2 だけ続きます．
・その次の散乱があり，正の速度が τ_3 だけ続きます．

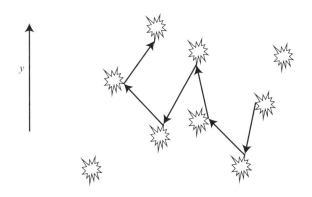

(a) 散乱中心への衝突と等連直線運動

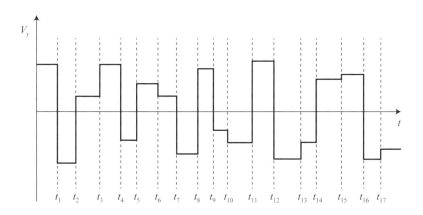

(b) 速度の時間変化

図 7.2

・その次の散乱があり，負の速度が τ_4 だけ続きます．
・その次の散乱があり，正の速度が τ_5 だけ続きます．
・その次の散乱があり，正の速度が τ_6 だけ続きます．

この後も同様に正または負の方向への動きが繰り返されます．衝突ごとに移動の向きがランダムに変わるのですから，電子は動き続けているものの，どこか特定の方向に向かうわけではありません．多数の自由電子で考えますと，それぞれの運動の方向もランダムに別々の方向を向いて動くため，ある瞬間の電子全体の平均を見ても，どこかに向かうわけではありません．

1個の電子について，時間 T にわたる平均の速度 $<v>$ を数式にするならば，

$$<v> = \frac{\int_{t=0}^{T} v\,dt}{T}$$

と表せます．分母は，積分期間 T を長く取れば，比例して大きな数になります．一方電子の動きは，図 7.2(b) を見てもわかるように，ランダムです．短い期間ならばずっと同じ方向を向いて動くということもあり得ますが，速度を足し合わせる期間を長くしても速度の和はなかなか大きくはなりません．その結果，長い積分期間で考えれば $<v>$ は 0 に近づきます．この式に関する基本的な考え方は，＜コラム 5＞で解説しました．

金属内には非常に多くの電子が存在します．多くの電子がバラバラに動いていれば，さらに平均値は 0 に近づきます．

電流は，

$$i = n \times q \times <v> \tag{7-1}$$

と計算されます．なお，i は電流密度，n は可動荷電粒子すなわち自由電子の密度，q は電子がもつ電荷，$<v>$ は平均速度です．前述したように，平均速度が 0 ですから，電界をかけないときの i も 0 A です．

(3) 平均自由時間

図 7.2(b) において，等速直線運動が続く時間は τ_1, τ_2, τ_3, …τ_n…です．この平均を平均自由時間といいます．また，散乱から散乱までの距離の平均を，平均自由行程といいます．散乱を受けてからの時間 t と，等速直線運動を続けている電子の数 $n(t)$ をグラフにしたのが，図 7.3(a) 〜 (d) です．

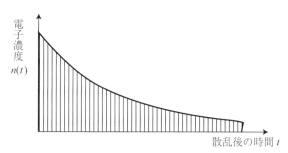

(a) 最初に仮定した電子分布

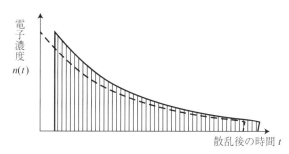

(b) 微小時間 Δt 秒の間一切散乱がなかったときの電子分布

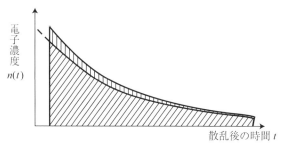

(c) Δt 秒の間に散乱する電子と散乱しない電子

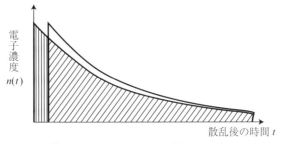

(d) 散乱した電子を $0 \sim \Delta t$ に移す

図7.3　電子の等速直線運動

　この関数の形は後で述べるとして，まずはそれぞれの図について説明します．最初に，図7.3(a)のようにある関数が与えられたものとします．微小時間 Δt 秒後の関数を求めるための第一ステップは図7.3(b)です．これは，Δt 秒の間に一切の散乱がなかった場合の関数です．実際には散乱があるため，電子の数は減ります．散乱はどの電子も同じ確率で生じます．図7.3(c)内の斜線の領域は Δt 秒の間に散乱を受けなかった電子，縦縞の領域は Δt 秒の間に散乱を受けた電子とします．

　散乱を受けた電子は，散乱直後からまた等速直線運動を始めます．それが図7.3(d)の縦縞であり，その面積は図7.3(c)の縦縞と同じです．なお，図7.3(d)の斜線の領域は，図7.3(c)の斜線とまったく同じです．この図7.3(a)～7.3(d)の手順を繰り返すと，最初の関数の形によらず，最終的に図7.3(a)の関数が表れます．＜コラム3＞で触れた「指数関数」です．

　電子が t 秒後にも同じ等速直線運動をし続ける確率 $a(t)$ を，減衰定数 α を導入して

$$a(t) = Ae^{-\alpha t} \tag{7-2}$$

と書きましょう．

　このとき，比例定数は $A=1$ です．なぜなら，散乱を受けた直後の存在確率は1だからです．

　減衰定数は，平均自由時間 τ を計算する式を使って求めることができます．

$$平均自由時間\ \tau = \frac{<t\text{で重み付けした}\alpha(t)\text{の積分}>}{<\alpha(t)\text{の積分}>}$$

$$= \frac{\int_0^\infty \alpha(t)\cdot t\,dt}{\int_0^\infty \alpha(t)\,dt} = \frac{\int_0^\infty e^{-\alpha t}\cdot t\,dt}{\int_0^\infty e^{-\alpha t}\,dt} = \frac{\dfrac{1}{\alpha^2}}{\dfrac{1}{\alpha}} = \frac{1}{\alpha} \tag{7-3}$$

したがって，式(7-2)で導入した α は $\dfrac{1}{\tau}$ になります．

(4) 電界の下での電子の振る舞い

　金属には，電圧の印加によって電流が流れます．この物理現象を，金属内の電子の振る舞いをみながら微視的に検討します．電界がy方向に印加されると，電子の運動は電界の影響を受けることになります．

$$F = m\frac{dv}{dt} = qE,$$

$$v(t) = v_0 + \frac{qE}{m}t \tag{7-4}$$

　v_0 は散乱直後の速度です．このときの電子の動きを，図 7.4(a) と図 7.4(b) 内に破線で記します．この図は図 7.2 に破線を書き加えたものです．図 7.4(b) 内の実線は平均すると 0 でした．したがって，破線と実線の差による三角形が，電圧によって生じたy方向への電子の動きを示します．なお，図 7.4(a) 内の破線は，概念を伝えることを目的に描いたものであり，電圧の下で軌道が曲線になることを少し誇張してあります．

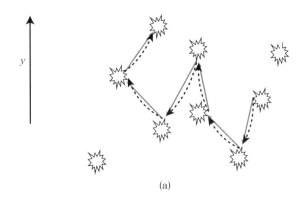

(a)

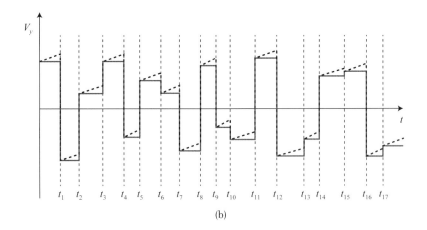

(b)

図 7.4

図 7.5 は複数の電子について，三角形の部分だけまとめて書いたものです．同図で5 個の電子の動きを細い線で表しています．衝突すると速度は 0 になり，次の衝突まで速度を増やし続けます．太い線は，5 個の電子の速度を平均したものです．この図では速度 2 を中心に変動しています．さらに多くの電子の動きを求めたなら，変動の幅は狭くなります．N 個の電子の速度の平均 $<v>$ は次式で表すことができます．

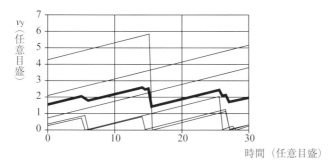

図 7.5 電界下の速度の時間変化

$$<v> = \frac{1}{N} \times \sum_{i=1}^{N} v_i$$

ここで，v_i は，i 番目の電子の速度です．電子の数 N が大きいとき，上式は積分形式で書き直すことができます．

$$<v> = \frac{\int_{t=0}^{\infty} a(t) \cdot v(t)\, dt}{\int_{t=0}^{\infty} a(t)\, dt}$$

$a(t)$ は式 (7-2) で導入したものであり，散乱中心に衝突しないで t 秒間移動し続ける確率です．$v(t)$ は式 (7-4) において $v_0 = 0$ としたものであり，散乱中心に衝突しないで τ 秒間移動し続けたときの速度です．なお，分母の積分値は τ です．

$$\begin{aligned}<v> &= \left\{\int_{t=0}^{\infty} e^{-\frac{t}{\tau}} \cdot \frac{qE}{m} t\, dt\right\} \Big/ \left\{\int_{t=0}^{\infty} e^{-\frac{t}{\tau}}\, dt\right\} \\ &= \frac{qE}{m}\left\{\int_{t=0}^{\infty} e^{-\frac{t}{\tau}} \cdot t\, dt\right\} \Big/ \tau \\ &= \frac{qE\tau}{m} = \mu E\end{aligned}$$

なお，式の最後で導入した μ は移動度と呼ばれる比例定数であり，大きいほど電子の平均速度が大きくなります．この結論を式 (7-1) に入れると，

$$i = n \times q \times \frac{qE\tau}{m} \tag{7-5}$$

となります.電流は電界 E に比例します.また,電流は τ に比例します.この一連の式の展開は,オームの法則を微視的に説明したものです.なお,この結論は金属だけでなく,半導体にもそのまま当てはまります.ただし,金属と半導体ではバンド構造が異なるため,半導体は電界がないときに動き回る速度は金属ほど速くありません.

(5) 電流を流しやすい材料

前述の式 (7-5) から,電流をよく流したければ τ を大きくすれば良いということがわかります.そのためには散乱中心を減らすことです.散乱中心を一言でいえば,結晶の周期性からのズレであり,表 7.1 のように分類できます.

表7.1 散乱中心の原因と低減方法

散乱中心の原因		低減方法
格子振動		低温にする
格子欠陥	不純物原子	純度を上げる
	空格子点	※
	格子間原子	
	転位	

※ 一概に言えるものではないので少しあいまいですが「適切な結晶成長条件の下で結晶をつくる」とします.なお,この表現は不純物原子の解決法としても間違ってはいませんが,その解決には純度を上げるとした方がより正確です.

A,B という 2 種類の散乱中心があり,A,B それぞれには 1 秒あたり f_A, f_B 回衝突するものとします.このとき,A に衝突してから次に A に衝突するまでの平均時間 τ_A は $\frac{1}{f_A}$,B については $\frac{1}{f_B}$ です.この物資の全体を見たときの平均自由時間 τ は,

$$\tau = \frac{1}{f_A + f_B} = \frac{1}{\frac{1}{\tau_A} + \frac{1}{\tau_B}}$$

で求められます.金属と,その伝導率等について表 7.2 に示します.

表7.2

金　属	体積抵抗率 ρ [$\Omega\cdot$m]（0℃）	密　度
Ag（銀）	14.9 n	10.5
Cu（銅）	15.5 n	8.9
Au（金）	20.5 n	19.3
Al（アルミニウム）	25.0 n	2.7
Rh（ロジウム）	43. n	12.4
Zn（亜鉛）	55. n	7.1
Fe（鉄）	89. n	7.9
Pt（白金）	98.1 n	21.4
白金ロジウム（$Pt_{0.9}Rt_{0.1}$）	187. n	

　銀がもっとも伝導率が高いが，コストの問題から，ケーブルとしては銅がよく使われます．大電力を送電するケーブルの場合，長い距離にわたって大電流を流すことから，ケーブルには軽さが求められます．そのため，アルミニウムもケーブル材料としてよく用いられます．

　白金の伝導率の温度特性を図7.6に示します．温度が高くなるほど，伝導率は低くなります．なぜなら，格子振動による散乱中心は，温度が高いほど増えるからです．合金は単元素からなる金属に比べて格子欠陥等が多くなるため，伝導しにくくなります．同図には参考として半導体の特性も示します．金属と逆の傾向になっていますが，その理由は9章で説明します．

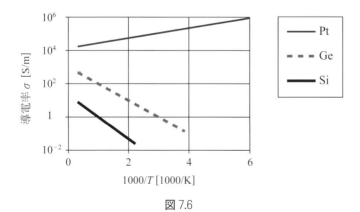

図7.6

■ コラム5　コインを振って表が出る回数はどれだけ 50% に近いか

コインを投げたときに表が出る確率は 50% ですが，本当に実験した場合，どれだけ 50% に近いでしょうか．コインを 6 回投げたときの表や裏の出方について，表にまとめました．

表 7.3 コインの表や裏の出方

					最初 1			
1回目					裏 ←	表 →		
状態 確率				表が0回 $\frac{1}{2}$	表が1回 $\frac{1}{2}$			
2回目				裏 ←	表 →	裏 ←	表 →	
			表が0回 $\frac{1}{4}$	表が1回 $\frac{2}{4}$ =0.50	表が2回 $\frac{1}{4}$			
3回目			裏 ←	表 →	裏 ←	表 →	裏 ←	表 →
		表が0回 $\frac{1}{8}$	表が1回 $\frac{3}{8}$	表が2回 $\frac{3}{8}$	表が3回 $\frac{1}{8}$			
4回目		裏 ←	表 →	裏 ←	表 →	裏 ←	表 →	裏 ← 表 →
	表が0回 $\frac{1}{16}$	表が1回 $\frac{4}{16}$	表が2回 $\frac{6}{16}$ =0.38	表が3回 $\frac{4}{16}$	表が4回 $\frac{1}{16}$				
5回目	裏 ← 表 →	裏 ← 表 →	裏 ← 表 →	裏 ← 表 →	裏 ← 表 →				
	表が0回 $\frac{1}{32}$	表が1回 $\frac{5}{32}$	表が2回 $\frac{10}{32}$	表が3回 $\frac{10}{32}$	表が4回 $\frac{5}{32}$	表が5回 $\frac{1}{32}$			
6回目	裏 ← 表 →	裏 ← 表 →	裏 ← 表 →	裏 ← 表 →	裏 ← 表 →	裏 ← 表 →			
	表が0回 $\frac{1}{64}$	表が1回 $\frac{6}{64}$	表が2回 $\frac{15}{64}$	表が3回 $\frac{20}{64}$ =0.31	表が4回 $\frac{15}{64}$	表が5回 $\frac{6}{64}$	表が6回 $\frac{1}{64}$		

1回コインを振ると，表も裏も確率が $\frac{1}{2}$ です．

2回コインを振ると，表は0回，1回，2回のいずれかになります．表が1回になるのは，表が0回や2回に比べて高い確率です．なぜなら，表が0回や2回というのは，1回目も2回目も裏，または，1回目も2回目も表，というそれぞれ1通りの実現方法しかありませんが，2回振って表が1回というのは，2通りの実現方法があるからです．

ここで，コインの表が出続ける確率を試算します．コインを1回振ったとき，表となる確率は $\frac{1}{2}$ です．コインを2回振って2回とも表が出る確率は $\frac{1}{2^2} = \frac{1}{4}$ です．これは，1回目が $\frac{1}{2}$ の確率であり，2回目 $\frac{1}{2}$ も確率であることから，これら2つをかけ算することで得られます．コインを3回振って3回とも表が出る確率は $\frac{1}{2^3} = \frac{1}{8}$ です．ここまでの結果は，実験的にも容易に確認することができます．

コインを振る回数を増やすと，全てが表という実験結果を得るのは困難になります．10回振って全部が表になるのは $\frac{1}{2^{10}} = \frac{1}{1024}$ の確率です．100回振って全部が表になるのは $\frac{1}{2^{100}} = \frac{1}{1.26 \times 10^{30}}$ の確率です．コインを振るときに表が出る確率は5割なのですから，振る回数を増やすと，「表が出続ける」という極端な結果は生じにくくなります．同じ理屈で，N を十分に大きな数としたとき，N 回振ったならば表は $0.5N$ 回程度出ることが期待されますが，$0.75N$ 回以上の回数だけ表が出るといった極端な結果も，生じにくくなります．表が出る確率 p を実験から求めるには，表が出た回数を，コインを投げた回数 N で割り算をします．

$$p = \frac{1}{N} \sum_{n=1}^{N} A_n$$

ここで A_n は，n 回目にコインを投げた結果が表ならば1，裏ならば0とします．N が小さいうちは，0.5以外の結果になることがあるかもしれませんが，N が大きくなればなるほど，$\sum_{n=1}^{N} A_n \approx \frac{N}{2}$ の実験結果が得られるようになり

ます.

　ただし,コインはぴったり0.5の確率が実現できるような自動調整の機能を持っているわけではありません.

　例えば,コインを5回振った結果が,表が2回,裏が3回として,次にコインを振ったときに出るのは表とは限りません.表が出る確率はいつでも0.5のままです.「今まで表が少なかったから,確率0.5の実現のためには次に表になる」といったことをコインが考えることは決してありません.上記の表を見ても,2回振って1回表を得る確率は0.50,4回振って2回表を得る確率は0.38,6回振って3回表を得る確率は0.31です.

　本文において,電子がランダムに動く様子を解説しましたが,「コインの表が出る＝電子が右に移動する」,「コインの裏が出る＝電信が左に移動する」となぞらえて考えることができます.電界がないとき,電子の動きをマクロに考えますと,平均速度は0です.確かに,ミクロに見るとランダムに動いており,長い時間の後には元の場所から離れてしまう可能性が高くなります.しかし,移動距離は大きくなく,それでいてそこまで移動した時間が長いことから,平均的に0になるのです.

7章 金属内の電気伝導

力試し問題

① 電子が図 7.7 のように運動していたとしたら，図 7.2(b) 内のどの時間からどの時間に対応するか答えなさい．

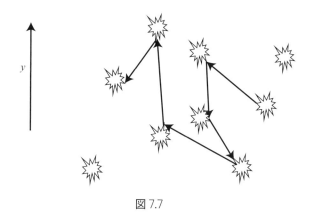

図 7.7

② A，B，C という 3 種類の散乱中心があり，平均の衝突頻度は A に対しては 10 ps ごと，B に対しては 20 ps ごと，C に対しては 30 ps ごととしたら，全体としての衝突頻度は何秒ごとか答えなさい．

■ 解答例

① 図 7.6 では y 軸方向の電子の運動は 正→負→負→正→正→負 となっています．図 7.2(b) 内でこの動きを探すならば，$t_{10} \Rightarrow t_{15}$ の運動に対応します．

② 1 秒あたりの衝突回数は，A に対しては 1.0×10^{11} 回/s，B に対しては 5.0×10^{10} 回/s，C に対しては 3.3×10^{10} 回/s です．そのため全衝突回数は，1.83×10^{10} 回/s です．これより，衝突頻度は 5.45 ps ごとです．

8章　絶縁体

本章で学ぶこと

　本章では，まず絶縁体の役割について確認します．続いて，気体と液体と固体それぞれの絶縁体の電気伝導について考えます．絶縁破壊のメカニズムについては，気体を例にして説明します．絶縁材料と導電材料を組み合わせることで，電流を流す経路と，電流を流さない所を自由に設定できます．

(1) 絶縁体の役割

　電気を手軽に利用できるのは，電流をよく通す導電材料があるのに加えて，電流を通さない絶縁材料があるというのも重要なポイントです．家庭用コンセントにつながる電線は，電流を通す芯が，絶縁層で被覆された構造をしています．絶縁層があるため，金属など電気を良く通すものの近くを引き回しても漏電を心配せずに使えます．

　絶縁体においても，式(7-1)と同じく流れる電流 i は，

$$i = nqv$$

で表されます．電流を流さないためには，可動荷電粒子の数を減らすことが重要です．

　大きな電圧の下では絶縁が保たれなくなって，大電流が流れてしまうことがあります．これを絶縁破壊といいます．雷は大気の絶縁破壊です．絶縁破壊に対する強さは V/m で評価されます．絶縁体は絶縁耐力が十分にあることが求められます．また，経年劣化が低く，使用可能温度範囲が広ければ安心して使えます．

(2) 気体中の電流

物質が絶縁状態を保ったり，絶縁破壊をする現象は，気体でも液体や固体でも似たところがあります．そこで，現象が簡単な気体について取り上げます．図 8.1 は空気に流れる電流と電界の関係を表したものです．空気の中にはわずかですが，荷電粒子が含まれます．宇宙線や放射性物質から発せられる放射線などのエネルギーを受け取ることによって，気体分子の一部は電離して電子とイオンに分かれます．

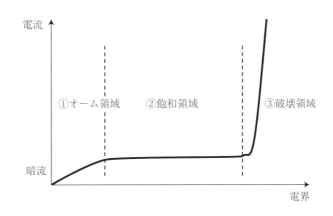

図 8.1 気体の電圧 – 電流特性

電気的に中性だった分子がエネルギーを受けて電離することを，励起といいます．励起状態には寿命があり，短時間（10 ns 程度）で中性分子に戻ります．電界の下で正（負）に帯電した粒子は，電界を加えるための電極に達するか中性分子に戻るまでの間，電界の方向（逆方向）に移動します（図 8.2(a)）．電界が小さいときはオーム領域と呼ばれ，荷電粒子の電界方向の動きはゆっくりとしたものであり，電流は電界に比例します（図 8.1①）．電界を大きくしてゆくと，電流の大きさは一定の飽和領域になります（図 8.1②）．大きな電界の下では荷電粒子はすぐに電極まで移動してしまうからです．このように，電荷が宇宙線などによって供給されて生じる電流を暗流といい，非持続放電とも呼ばれます．

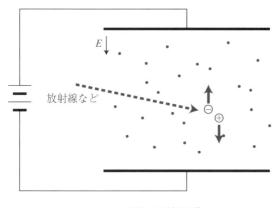

(a) 気体の電気伝導

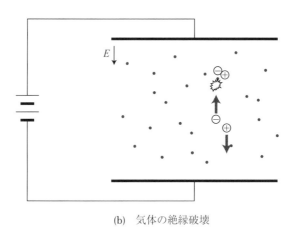

(b) 気体の絶縁破壊

図 8.2

(3) 気体の絶縁破壊

電界が大きくなると、電流が急激に大きくなる破壊領域になります（図 8.1③）。これは、電界による荷電粒子の加速が増すことになり、空気分子にぶつかる際の荷電粒子の速度エネルギーが増加し、衝突によって新たな荷電粒子が生じるためです（図 8.2(b)）。このような状態が一旦生じたなら、新たに生まれた荷電粒子はさらに別の荷電粒子をつくるという、雪崩のような荷電粒子の増加が起こります。この放電を持続放電といいます。平等電界のもとで気体が非持続放電から持続放電に移行する条件を、ドイツの物理学者パッシェンは次のようにまとめました。

$$V_s = f(pd)$$

ただし、p は気体の圧力、d は電極間距離、V_s は持続放電が生じる電圧でありスパークオーバー電圧と呼ばれます。パラメタと電圧等の特性を示すのが図 8.3 の絶縁破壊の条件です。この曲線はパッシェン曲線ともいい、中央部の電圧が低く、両端の電圧は高くなっています。左側は圧力か距離が小さい条件です。加速した荷電粒子が気体分子にぶつかりにくいため雪崩が起きにくくなっています。右側は圧力か距離が大きい条件です。荷電粒子は気体分子にぶつかりやすいのですが、衝突と衝突の間の時間が短いため、衝突の際に持っているエネルギーが小さく、雪崩が起きにくくなっています。

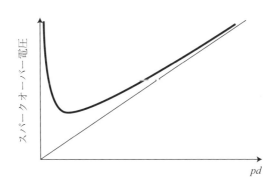

図 8.3　絶縁破壊の条件

(4) 液体の絶縁体

液体の絶縁体には鉱油や合成絶縁油などの絶縁油が上げられます．絶縁油はトランスなどの絶縁を保ちながら，温度上昇を防ぐために用いられます．電圧と電流の関係は，気体と同様に電界が小さいときはオーム領域，電界が大きいときは破壊領域です．その中間の電圧における飽和領域は材料によっては見られることがありますが，見られないのが普通です．液体では，温度が高いほど電気伝導が大きくなるのが特徴です．また，水分や気泡が含まれることで絶縁破壊電圧が低下します．

(5) 固体の絶縁体

固体も電界が小さいときはオーム領域，電界が大きいときは破壊領域です．電気伝導の一つは，規則性の高い原子配列内を電子が移動することです．電気伝導のもう一つは，欠陥の多い原子配列の隙間をイオンが移動することです．表8.1に各種固体絶縁体の体積抵抗率を示します．

表8.1 各種絶縁体の体積抵抗率

材　料	体積抵抗率 [Ωm]	温　度
こはく	5×10^{14}	22 度
雲母	$10^{11} \sim 10^{13}$	22 度
エボナイト	$10^{11} \sim 10^{14}$	20 度
いおう	1.9×10^{15}	20 度
石英ガラス	10^{16} 以上	22 度
パラフィン	$10^{14} \sim 10^{16}$	常温
長石磁器	10^{12} 以上	常温
ポリスチレン	10^{14} 以上	常温
ポリエチレン	$10^{11} \sim 10^{14}$ 以上	常温
ベークライト	$10^{9} \sim 10^{10}$	常温
ポリ塩化ビニル	10^{14} 以上	常温

絶縁体は温度が高くなるほど，電気を流しやすくなります．これは，温度が高くなるほど自由電子など可動荷電粒子が増えるからです．これは6章で学んだ帯理論で説

明できます.紙や繊維などでは湿度が高いほど電気を流しやすくなります.表8.1のうち,長石磁器はガイシに使われる材料です.

　固体に電流が流れるとしたら,固体の内部または表面です.表面は,場合によっては固体内よりも大きな電流を流すことがあるため,高電圧用のガイシは表面にひだをつけて表面の経路を長くしています.

　有機絶縁材料はケーブルの被覆によく使われます.例えばポリエチレンは,エチレン ($CH_2=CH_2$) の単独重合体であり,($-CH_2-CH_2-$)n という構造になって n 個の鎖のようにつながるのが基本です.ただし,($=CH-CH_2-$) という構造が入ることで分岐をつくることができます.この化合物は,炭素と水素も,炭素同士の結合も共有結合です.電子はローカルに存在し,電気伝導はありません.

力試し問題

パッシェンの法則(気体の絶縁破壊に関する法則)において,圧力が低くなることと,距離が短くなることが同等であることを説明しなさい.

■ 解答例

まず,基本の状態を押さえます.距離 d だけ離れた電極間に圧力 P の気体が挟まれていて,電極には電圧 V がかかっています.ここで,電荷 q の荷電粒子が片側の電極で発生し,もう一方の電極まで移動する間に,N 回の衝突をするものと仮定しましょう.

衝突のたびに,運動エネルギーがリセットされるものとすると,平均的に考えると衝突ごとに持っている運動エネルギー K_1 は,電源によって加速されたポテンシャルエネルギーと等しいため,

$$K_1 = qV \div N$$

となります.もし,圧力が半分になったとすると,衝突の回数は $N \div 2$ 回になり,衝突ごとに失う平均の運動エネルギー K_2 は

$$K_2 = qV \div (N \div 2) = 2qV \div N$$

となります.

これをミクロに考えると,衝突の回数が減るため,衝突から衝突までに要する時間が長くなり,そのぶんだけ運動のエネルギーが大きくなり,K_2 は K_1 よりも大きくなったといえます.

一方,同じ圧力まま電極間の距離を半分にした場合,圧力が同じならば衝突の確率は同じですが,電極間距離が半分なので,電極から電極まで移動す

る間の衝突回数は $N \div 2$ になります．

衝突ごとに失う平均の運動エネルギー K_3 も，

$$K_3 = qV \div (N \div 2) = 2qV \div N = K_2$$

となります．これをミクロに考えると，電極間距離が短くなって電界が大きくなることで，加速も大きくなり，その結果 K_3 は K_1 よりも大きくなったといえます．

以上，圧力だけ小さくしたときも，電極間距離を小さくしたときも，

・衝突の回数

・衝突時に粒子がもつエネルギー

は等しいので，圧力を変えても，距離を変えても，絶縁破壊のしやすさは同じです．

9章 半導体と温度特性

本章で学ぶこと

　本章ではまず半導体材料の概要について学びます．続いて，代表的な半導体であるSiを例にして，半導体には真性半導体と不純物半導体という分け方があることと，それらの特徴と温度特性について学びます．半導体は温度によって電気伝導率が大きく変わる材料です．

(1) 半導体材料の概要

　半導体は絶縁体よりも電流を流し，導体よりも電流を流さない物質です．中途半端な性質のように感じられますが，逆に言えば条件の違いによって電流の流れ方を変えることができますので，トランジスタなどの電子デバイスの作成に適した材料です．今日のエレクトロニクス社会になくてはならない代表的な半導体といえばSiです．半導体のエネルギーバンド構造は，6章でも取り上げたように，絶縁体と同様のバンド構造をしています．そのため，温度と伝導率の関係は高温ほど電流を流しやすいというものです（参考：図7.6　抵抗と半導体の抵抗と温度．金属は高温ほど電気を流しにくい）．電流は $i = q \times n \times \mu \times E$ と計算できます．半導体は温度によって μ は小さくなるものの n の大きさが指数関数的に増えますので，高温になるほど i は大きくなります．

(2) 真性半導体と不純物半導体

半導体のエネルギーバンド構造については既に6章で取り上げました．特別な工夫をしていないならば，伝導帯内の自由電子の数 n と，価電子帯内の正孔の数 p が等しい真性半導体です．真性半導体の自由電子の数は真性濃度 n_i といわれます．正孔の数とも同じ値です．真性濃度は，材料と温度が決まれば確定します．

自由電子が多い半導体をn型半導体といいます．この半導体をつくるには，もともとの半導体（母材ともいいます）よりも電子を多くもつ不純物を意図的に入れます．この不純物のことをドナーといいます．母材がSi（ケイ素）のようにIV価の原子による元素半導体だったとき，P（リン）のようなV価の原子がドナーになります．n型半導体の結晶内の電子の様子とエネルギーバンド図を図9.1に示します．絶対0度ではドナーは電子を受け取り電気的に中性になります．（図中②）伝導帯の下端とドナー準位のエネルギー差はmeVのオーダーです．そのため，室温付近ではほとんどのドナーは電子を伝導帯に放出しています．（図中③）

正孔が多い不純物をp型半導体といいます．この半導体をつくるには，母材よりも電子が少ない不純物を意図的に入れます．この不純物のことをアクセプタといいます．母材がSi（ケイ素）のようにIV価の原子による元素半導体だったとき，Ga（ガリウム）のようなIII価の原子がアクセプタになります．エネルギーバンド図と，結晶内の電子の様子を図9.2に示します．

自由電子と正孔は電気伝導に寄与することから，どちらもキャリアと呼ばれます．

◎のまわりに ∴∵ という 8 つの電子に加えて，もうひとつの電子があったとき，「電子を受け取っているドナー」になる．

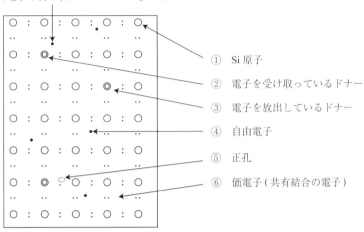

① Si 原子
② 電子を受け取っているドナー
③ 電子を放出しているドナー
④ 自由電子
⑤ 正孔
⑥ 価電子 (共有結合の電子)

この図の縦と横は変位を示す．
○や◎は格子点に存在する粒子の様子を示す．中くらいの点は可動粒子を示す．小さな点・は局在している電子を示す．

(a) 結晶

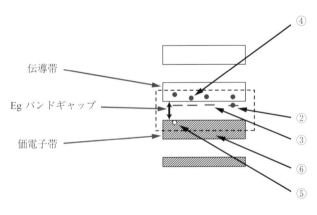

(b) バンド図

図 9.1 n 型半導体

9章 半導体と温度特性

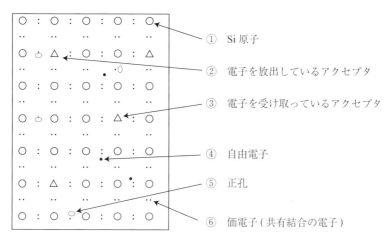

① Si原子
② 電子を放出しているアクセプタ
③ 電子を受け取っているアクセプタ
④ 自由電子
⑤ 正孔
⑥ 価電子(共有結合の電子)

この図の縦と横は変位を示す.
○や△は格子点に存在する粒子の様子を示す. 中くらいの点は可動粒子を示す.
小さな点・は局在している電子を示す.

(a) 結晶

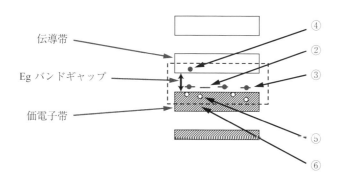

(b) バンド図

図 9.2　p型半導体

n型半導体においては，電子は多数キャリアであり，正孔は少数キャリアです．一方，p型半導体においては，電子は少数キャリアであり，正孔は多数キャリアです．これらn型とp型の半導体のことを不純物半導体とも呼びます．意図的に不純物を入れることによって，電気伝導度を意図的に制御した半導体です．半導体内に電子は多数ありますが，電気伝導に影響するのは図中の破線内の部分です．これ以降，半導体のバンド図を書く場合，この図の破線内に相当する部分だけ抜き出すことにします．

(3) 不純物半導体のキャリア濃度

　許容帯内の電子濃度 n は，次式で求められます．

$$n = \int_{\varepsilon_B}^{\varepsilon_T} N(\varepsilon) f(\varepsilon) d\varepsilon$$

ただし，ε_B はその許容帯の下端のエネルギー準位，ε_T はその許容帯の上端のエネルギー準位，$N(\varepsilon)$ は状態密度であり，$N(\varepsilon)d\varepsilon$ は，$\varepsilon \sim \varepsilon+d\varepsilon$ の間に何個の電子が存在できるかを示すもの，$f(\varepsilon)$ はフェルミの分布関数であり，そのエネルギーレベルにおける電子の存在確率を示します．

　この式を実用上問題のない範囲で式を簡略化しながら，半導体や絶縁体の伝導帯における電子濃度に対してあてはめますと，次式が求められることが知られています．

$$n = N_c e^{-\frac{\varepsilon_c - \varepsilon_f}{kT}} \tag{9-1}$$

ただし，ε_f はフェルミ準位，ε_c はその伝導帯の下端のエネルギー準位，N_c は伝導帯の実効状態密度です．この式は，真性半導体だけでなく，p型半導体でもn型半導体でも伝導帯の電子濃度を求めるのに使うことができます．価電子中の正孔濃度 p については，フェルミの分布関数の代わりに $(1-f(\varepsilon))$ を使うことで計算でき，同様に次式で表されます．

$$p = N_v e^{\frac{\varepsilon_v - \varepsilon_f}{kT}} \tag{9-2}$$

ただし，ε_f はフェルミ準位，ε_v はその価電子帯の上端のエネルギー準位，N_v は価電子帯の実効状態密度です．この式も真性半導体だけでなく，p型半導体でもn型半導

体でも伝導帯の電子濃度を求めるのに使う事ができます．

ここで，式 (9-1) と式 (9-2) を掛け合わせると，

$$np = N_c N_v e^{-\frac{\varepsilon_c - \varepsilon_f}{kT}} e^{-\frac{\varepsilon_v - \varepsilon_f}{kT}} = N_c N_v e^{-\frac{\varepsilon_c - \varepsilon_v}{kT}}$$

となります．この式からわかることは，半導体の母材と温度が決まると，n と p の積は一定だということです．

この結果を説明するのが図 9.3 です．中央が真性半導体であり，左側は n 型半導体，右側は p 型半導体です．この図では，どの場合も $n \times p$ は 36 です．

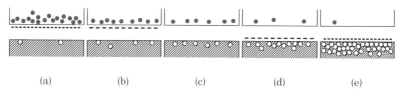

図 9.3　同じ母材からできた同じ温度の半導体のキャリア濃度

ドナーやアクセプタも考えましょう．n 半導体での場合，ドナー濃度を N_d としたとき，$n \times p = n_i^2$，$n = p + N_d$ が成り立ちます．p 半導体での場合，アクセプタ濃度を N_a としたとき，$n \times p = n_i^2$，$p = n + N_a$ が成り立ちます．これらを考慮に入れ，図中のキャリア濃度や不純物濃度を求めたのが表 9.1(a) です．また，真性濃度よりも十分に大きな不純物を入れたときのそれぞれの濃度の例を表 9.1(b) に示します．

表 9.1(a)　図 9.3 内のそれぞれの定数

材　料	(a)	(b)	(c)	(d)	(e)
自由電子	18	9	6	3	1
正孔	2	4	6	12	36
ドナー	16	5			
アクセプタ				9	35

表9.1(b) 一定の温度の同じ母材の半導体の，キャリア濃度の例

試料	条件	条件によって決まるもの
A	ある温度の，ある真性半導体 電子濃度は $n = 1.0 \times 10^{18}$ m^{-3}	正孔濃度は $p = 1.0 \times 10^{18}$ m^{-3} 真性濃度は $n_i = 1.0 \times 10^{18}$ m^{-3}
B	Aの半導体を母材とし，ドナー濃度 N_D が 1.0×10^{22} m^{-3} の半導体	$n = N_D = 1.0 \times 10^{22}$ m^{-3} $p = n_i^2 / n = 1.0 \times 10^{14}$ m^{-3}
C	Aの半導体を母材としたp型半導体であり，$p = 2.0 \times 10^{22}$ m^{-3} のとき	アクセプタ濃度 $N_A = p = 2.0 \times 10^{22}$ m^{-3} $n = n_i^2 / p = 5.0 \times 10^{13}$ m^{-3}

(4) 不純物半導体の温度とキャリア濃度

不純物半導体のキャリア濃度は温度の影響を受けます．図9.4は，ある材料の半導体が真性半導体だったときと，$1. \times 10^{22}$ m^{-3} のドナー（またはアクセプタ）をドーピングしたときの，各キャリアの温度特性を示すものです．真性濃度については，図6.9と同じであり，温度によって大きく変わります．

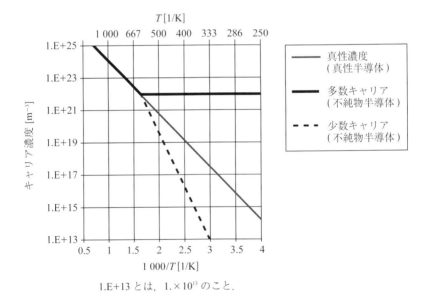

1.E+13とは，$1. \times 10^{13}$ のこと．

図9.4　不純物型半導体のキャリア濃度と温度

不純物半導体については，常温付近では多数キャリアの数はドーピングしたドナー（またはアクセプタ）と同じ $1.\times 10^{22}[\mathrm{m}^{-3}]$ になります．このとき，np 積は n_i の二乗になるという半導体の特性により，少数キャリアの濃度は温度に対して非常に激しく変化します．ダイオードは温度によって特性が大きく変わることが知られています．なぜなら，11 章で述べるようにダイオードの動作は，温度特性の激しい少数キャリアの振る舞いに大きく影響されるからです．

　不純物半導体の np 積も，温度につれて大きくなります．真性濃度がドーピングしたドナー（またはアクセプタ）の値を越えてしまうと，もはや少数キャリアの数は多数キャリアに対して無視できない値になっています．高い温度では，不純物をドーピングしてあるかどうかに関わらず，その半導体は真性半導体だと捉えられます．

　電子素子は一般的には n 型半導体と p 型半導体の組み合わせです．ですから，高い温度の下では n 型も p 型も区別できなくなるため，電子デバイスはうまく働かなくなってしまいます．高い温度でも安定して働く半導体素子をつくるには，不純物半導体が真性半導体のようになる温度がより高くなるバンドギャップの広い半導体を使うことが有効です．

力試し問題

フェルミ関数によると，エネルギーが高いほど電子の存在確率は低くなりますが，伝導帯よりも低いエネルギー状態のドナーレベルにおいて，電子の存在確率がないなか，どうしてそれよりも高いエネルギーの伝導帯に電子が移るのか答えてください．

■ 解答例

それはドナーと伝導帯の状態数の違いです．表9.2に，その例を上げます．ドナー準位も伝導帯もほとんど空っぽという状況の下では，伝導帯は電子の存在確率は低いものの状態数が大きいため，ドナー準位の電子を受け入れることが可能になります．

表9.2 室温におけるドナーと伝導帯の電子の数の例

エネルギー準位	確率	状態数 [個/m^3]	電子の数 [個/m^3]
伝導帯の下端 (ε_c)	1.0×10^{-4}	1.0×10^{19}	1.0×10^{15}
ドナー準位 ($\varepsilon_c - 25$ meV)	2.7×10^{-4}	1.0×10^{15}	2.7×10^{11}

10章　半導体中のキャリアの振る舞い

本章で学ぶこと

　本章では半導体中のキャリアの動きについて簡単な数式を使って記述します．これは第11章で半導体デバイスの動作を理解するための基礎になります．

　本章で扱うのは，キャリアの生成と消滅，電界によるキャリアの移動，キャリアの拡散，そしてホール効果です．

(1) 半導体中のキャリアの振る舞い

　この章では数式を使って半導体中のキャリアの振る舞いを表現します．半導体は本来三次元方向に広がっていますが，変位を一次元方向に限定して取り扱っても物理的な本質を失いませんので，変位を図10.1のようにx軸に限定して考察することにします．電子と正孔の濃度は変位xと時刻tの関数ですのでそれぞれ$n(x, t)$，$p(x, t)$と表すことにします．

　n型半導体における少数キャリア連続の式を式(10-1)に示します．

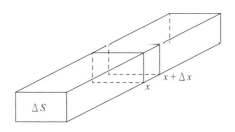

図10.1　変位を一次元とした系

$$\frac{\partial(p-p_0)}{\partial t} = D_\mathrm{p}\frac{\partial^2 p}{\partial x^2} - \mu_\mathrm{h} p\frac{\partial E}{\partial x} - \mu_\mathrm{h} E\frac{\partial p}{\partial x} + G_\mathrm{p} - \frac{p-p_0}{\tau_\mathrm{p}} \qquad (10\text{-}1)$$

　　　　　　　　　ⓐ　　　　ⓑ　　　　ⓒ　　　ⓓ　　ⓔ

ただし，

n_0, p_0 [m^{-3}]：電子，正孔の熱平衡時の濃度

p [m^{-3}]：正孔の濃度

D_p [m^2/s]：正孔の拡散定数

G_p [1/(m^{3}s)]：単位時間に単位体積あたり生成される正孔の数（生成率）

E [V/m]：x 方向の電界

μ_h [m^2/(Vs)]：正孔の移動度

τ_p [s]：正孔の再結合寿命

　なお，左辺は微分であり，定数の微分は 0 であることから，数学的には $\frac{\partial p}{\partial t}$ と全く同じですが，右辺のⓔ項との対応を考えて式(10-1)のように書かれることが普通です．

　p 型半導体中の式も同様です．ただしⓑとⓒの符号が式(10-1)と異なります．（式(10-2)）．

$$\frac{\partial(n-n_0)}{\partial t} = D_\mathrm{n}\frac{\partial^2 n}{\partial x^2} + \mu_\mathrm{e} n\frac{\partial E}{\partial x} + \mu_\mathrm{e} E\frac{\partial n}{\partial x} + G_\mathrm{n} - \frac{n-n_0}{\tau_\mathrm{n}} \qquad (10\text{-}2)$$

　　　　　　　　　ⓐ　　　　ⓑ　　　　ⓒ　　　ⓓ　　ⓔ

ただし，

n [m^{-3}]：自由電子の濃度

D_n [m^2/s]：電子の拡散定数

G_n [1/(m^{3}s)]：単位時間に単位体積あたり生成される電子の数（生成率）

μ_e [m^2/(Vs)]：電子の移動度

τ_n [s]：電子の再結合寿命

　式(10-1)，(10-2)が求まったならば，微小時間 Δt 秒後の電子の分布は次の様に求めることができます．

$$n(t+\Delta t) = n(t) + \frac{\partial(n-n_0)}{\partial t}\Delta t$$
$$p(t+\Delta t) = p(t) + \frac{\partial(p-p_0)}{\partial t}\Delta t \quad (10\text{-}3)$$

　次節からこの方程式を物理的な考察を基に一つ一つの項について取り上げて解きます．式を複雑に変形するような数学的な厳格さを追求するよりも物理的なイメージを深めるようにします．また，特に断りがない限り n 型半導体の少数キャリアである正孔について論じます．

(2) 少数キャリア連続の式（生成と消滅）

　キャリアは光を受けることで増えます．バンドギャップよりも高いエネルギーの光が半導体中に入射し，価電子帯の電子がそのエネルギーを受けると，その電子は伝導帯に移り，電子正孔対が生成します．この過程は，式 (10-1) のⓓ項に対応します．つくられる電子正孔対の量は光の強さに比例します．

　時刻 t における正孔の濃度を $p(t)$ とし，光によって Δt の間に $G \times \Delta t$ だけ電子正孔対が生じるとすれば，

$$p(t+\Delta t) = p(t) + G\Delta t$$

となります．電子の変化分も同様であり，

$$n(t+\Delta t) = n(t) + G\Delta t$$

となります．この性質を利用して光センサや，太陽電池という素子が開発されました．キャリアの生成だけ考慮したときのキャリアの振る舞いを表したのが図 10.2 です．点線はある時刻の $p(x, t)$ であり，実線は微小時間 Δt が過ぎた後の正孔濃度 $p(x, t+\Delta t)$ です．当たった光に比例してキャリアが増えます．

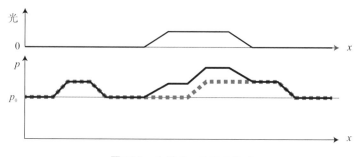

図 10.2 少数キャリアの生成

 キャリアは消滅もします．電子と正孔が出会うと，ある確率で消滅します．この過程は再結合とも呼ばれます．消滅の方法は，伝導帯と価電子帯の間を 1 回で遷移する直接再結合と，バンドギャップの中央付近の不純物準位を介して 2 段階で遷移する間接再結合に分類されます（図 10.3(a)）．間接再結合は過程の多い遷移ですが，エネルギー差の少ない過程は確率的に生じやすいため，直接結合よりも素早く行われます．キャリアの寿命を長くしたいときはこうした深い準位の不純物濃度をなるべく少なくします．

 遷移の生じ方については，バンド構造も影響します．遷移が生じるときは，エネルギー保存と運動量保存則が同時に成り立つことが必要です．エネルギー保存則とは，再結合の前後で総エネルギーが保たれるということです．もともと伝導体の中にあった電子はエネルギーを失って，価電子帯の中の正孔のところに遷移し，その際に失ったエネルギーが，放出される光（photon）のエネルギーになります．

 III-V 族化合物半導体では，バンド端の電子は $p=0$ の付近にあります．一方，バンド端の正孔も同様に $p=0$ の付近にあります（図 10.3(b) 左）．そのため，p の値が同じ電子と正孔が出会うことができ，運動量保存則が成り立ちます．この遷移を直接遷移といいます．直接遷移型の半導体は発光の効率が高いので，発光ダイオードをはじめとする発光デバイスをつくるのに適します．一方，Si の場合は伝導体内の電子のエネルギーが最低なのは $p \neq 0$ の条件です（図 10.3(b) 右）．この場合は，運動量保存則を満たすために，遷移の際に電子の正孔に加えて，格子振動（phonon）も関わります．こうして起こる過程を間接遷移といいます．

10章　半導体中のキャリアの振る舞い

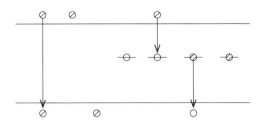

(a) 直接再結合と間接再結合

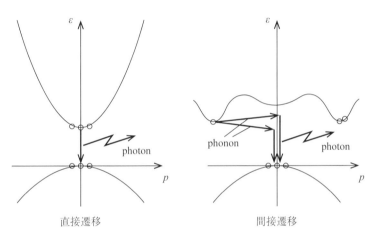

(b) 直接遷移と間接遷移

図 10.3　直接または間接の結合と遷移

　今まで述べたことを基に再結合を表わしたのが，次式です．再結合は，電子と正孔が出会うことで生じますので，

$$\frac{\partial p}{\partial t} = \frac{\partial n}{\partial t} = -\alpha \times (n \times p - n_0 \times p_0)$$

と表されます．なお，α は比例定数です．n_0, p_0 は熱平衡時のキャリア濃度であり，その温度に材料を置いて無限の時間が経ったときの濃度です．$n=n_0$, $p=p_0$ になったときに，$\frac{\partial p}{\partial t} = \frac{\partial n}{\partial t} = 0$ の条件が満たされ，p も n もそれ以上の変化がなくなります．

117

ここで，n型半導体ならば電子濃度が大きいため，光の照射等で電子が生じても，全体の電子の濃度は熱平衡時の値とほとんど変わりません．そのため，上記の式は次のように書き直せます．

$$\frac{\partial p}{\partial t} = \frac{\partial n}{\partial t} = -\alpha \times n_0 (p - p_0) = -\frac{p - p_0}{\tau}$$

ただし，$\tau = \frac{1}{\alpha n_0}$ です．この式の変数は少数キャリアだけなので取り扱いが簡単になっています．これが式(10-1)のⓔ項です．

キャリアの消滅だけ存在考慮したときのキャリアの振る舞いを表したのが図10.4です．点線はある時刻の$p(x, t)$であり，実線は微小時間Δtが過ぎた後の正孔濃度$p(x, t+\Delta t)$です．微小時間Δtにより少しp_0に近づきます．このとき，$p = p_0$に近いところでは変化は小さく，p_0から遠いところでは変化は大きくなります．変化量は，pとp_0の差に比例します．長い時間が経てばキャリア濃度はp_0に収束します．

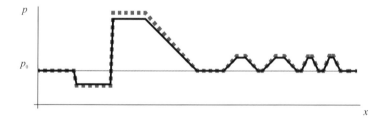

図10.4　少数キャリアの消滅

10章　半導体中のキャリアの振る舞い

(3) 少数キャリア連続の式（ドリフト電流）

キャリアは電界の下で移動します．これをドリフト電流といいます．少数キャリア連続の式で ⓑ と ⓒ の項は電界の効果を記述するものです．ドリフト電流 $v = \mu E$ によって生じる電荷の動きは，ちょうどベルトコンベアや動く歩道による荷物や人の動きのようなものです．図 10.5 はたくさんの人が並んでいたときに，動く歩道が働く前と後の人の様子を描いたものです．もともと左側と，動く歩道の中央部だけ，人の密度が高くなっていました．これが動く歩道が働くことにより，動く歩道の入口 A と出口 D では人の密度に増減がありました．動く歩道の中央付近の人の密度の高いところ B と C でも人の密度の増減がありました．なお，動く歩道から外れた場所は，時間が経ってもその濃度に変化はありません．

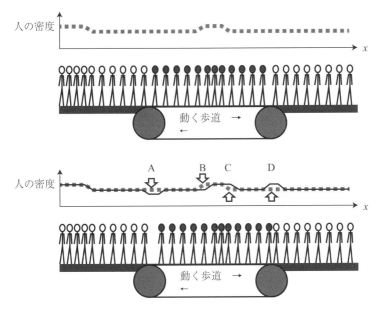

図 10.5　動く歩道

ドリフト電流だけ存在考慮したときのキャリアの運動を表したのが図 10.6 です．なお，電界が正ということは，x 軸上では右向きのことにします．

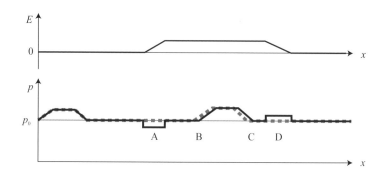

図 10.6 少数キャリアのドリフト

　左から A, B, C, D の部分が微小時間 Δt の間に変化がありました.
A は電圧が増す場所であり，式のⓑ項によって正孔が減少しました.
B は濃度が増す場所であり，式のⓒ項によって正孔が減少しました.
C は濃度が減る場所であり，式のⓒ項によって正孔が増加しました.
D は電圧が減る場所であり，式のⓑ項によって正孔が増加しました.
なお，A の減少分と D の増加分は等しくなり，B の減少分と C の増加分も等しくなります．なぜなら，キャリア全体の数は保たれるからです．キャリアが電子だった場合は，電界に対する応答の向きが正反対になるため，式のⓑ項とⓒ項の符号の向きが反対になります．

(4) 少数キャリア連続の式（拡散）

　キャリアの動きの詳細は，7 章で説明した通り，電界がない状態であっても，散乱中心に当たるごとにランダムに速度を変えながら動き回っています．これは拡散現象であり，少数キャリア連続の式の①項にあたります．7 章で議論してきたことを，1 次元の動きとして再確認し，拡散現象の式を求めましょう．
　キャリアの動き方は次の様にまとめられます：
・キャリアの動きは，右か左かどちらかに熱速度 v_{th} で動くものとします．
・すべての粒子は時間 τ の間に距離 L だけ走り，散乱中心と衝突するものとします．

・散乱中心に当たった後の動く方向はランダムであり，半分は右に動き，残りの半分は左に動きます．

これを図10.7に当てはめて数式化しましょう．まず，領域1から領域2に向かうキャリアの流れを確認します．領域2に$N(x_2)$という数だけ粒子が存在しますと，時間τの後に$N(x_2)\div2$の粒子が領域1に移動します．一方，領域1に$N(x_1)$という数だけ粒子が存在しますと，時間τの後には$N(x_1)\div2$の粒子が領域2に移動します．

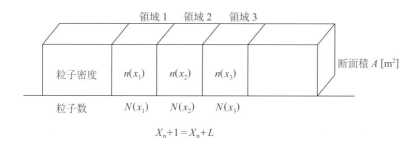

図10.7 拡散の概念

差し引きしてtから$t+\tau$の間に領域1から領域2へ移動する数を$\mathrm{Flow}(x_1 \to x_2, t)$とするなら，

$$\mathrm{Flow}(x_1 \to x_2, t) = \frac{N(x_1, t)}{2} - \frac{N(x_2, t)}{2}$$

となります．領域2と領域3との間も同様の式でキャリアの移動を求められます．

続いて，これらを合わせてτの間に領域2のキャリアがどれだけ増減するかを求めます．

$$\begin{aligned} N(x_2, t+\tau) - N(x_2, t) &= \mathrm{Flow}(x_1 \to x_2, t) - \mathrm{Flow}(x_2 \to x_3, t) \\ &= \left(\frac{N(x_1, t)}{2} - \frac{N(x_2, t)}{2} \right) - \left(\frac{N(x_2, t)}{2} - \frac{N(x_3, t)}{2} \right) \\ &= \left(\frac{N(x_3, t)}{2} - \frac{N(x_2, t)}{2} \right) - \left(\frac{N(x_2, t)}{2} - \frac{N(x_1, t)}{2} \right) \end{aligned}$$

ここで，x_1とx_2とx_3が十分に近いとすれば，式を微分に置き換えることができます．

$$N(x_2, t+\tau) - N(x_2, t) \propto \frac{\partial N(x_3, t)}{\partial x} - \frac{\partial N(x_2, t)}{\partial x}$$

さらにもう一度微分の考え方を当てはめます．

$$N(x_2, t+\tau) - N(x_2, t) \propto \frac{\partial^2 N(x_2, t)}{\partial x^2}$$

さらに，左辺の τ も微小にして時間についても微分に置き換えて，定数 D を掛けるものとします．これにより，少数キャリア連続の式の@項が導かれました．拡散には p_0 や n_0 すなわち熱平衡時のキャリア濃度は無関係です．また，拡散によるキャリア数の増減は，x で 2 回微分して 0 にならない場所に限られます．

$$\frac{\partial N(x_2, t)}{\partial t} = D \frac{\partial^2 N(x_2, t)}{\partial x^2}$$

拡散だけを考慮したときのキャリアの振る舞いを表したのが，図 10.8 です．破線は当初のキャリア分布であり，実線は短い時間が経過したのちの分布です．

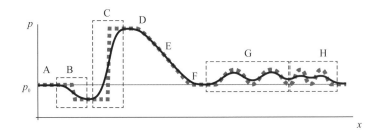

図 10.8　少数キャリアの拡散

図中 A の周辺は，変位によらずキャリア濃度が一定のところです．数式を元に考えても，これらの場所は 1 回の微分で 0 ですから，2 回の微分も当然 0 であり，キャリア数の増減がない場所です．E の周辺はキャリア濃度が変位に対して一次式になっているところです．この周辺は高濃度側から低濃度側にむけてキャリアの流れが生じています．ある地点から低濃度側に流れ出てゆくキャリア数と，その地点に高濃度側から流れ込むキャリア数が同一になるため，流れはあるものの，その地点のキャリア数の増減はありません．式を考えても 2 回の微分は 0 です．

Dは，当初左側と同じキャリア数ですので，左側とDとのキャリアの流れはありません．一方，Dから右側を見ますと，濃度に違いがあることからキャリアの流出が生じます．したがって，Dの周辺からキャリア数が減ってゆきます．Fはちょうど逆の関係であり，Fの周辺にはキャリア数が増えていきます．

　拡散はキャリアの分布を滑らかにするよう働きますが，それが良くわかるのはGとHです．もとのキャリア分布をみると，GよりもHのほうが激しく変化しています．その結果，時間が経つにつれてHは急激に平坦に近づき，Gはもとの周期関数の分布が色濃く残っています．

　BとCはもとの分布関数はどちらもステップ関数であり，振幅が異なるだけです．ステップ関数の微係数は非常に大きくなるため，拡散による流れが極めて激しい場所です．BとC周辺の実線を見ますと，振幅を除いてどちらも同じ形です．

(5) 磁界中の運動（ホール効果）

　ホール効果は，物質を磁界中に置き，磁界と垂直方向に電流を流したとき，磁界と電流のどちらとも垂直な方向に電圧が生じるという物理現象です．ここで，p型半導体の場合の物理現象を見ましょう（図10.9(a)）．なお，座標系を図中の x, y, z と考えます．計算はベクトル演算になります．磁界は z 方向に $\boldsymbol{B}$[T] です．電流は x 方向に流れるものとしましたので，正の電荷をもつ正孔も x 方向に速度 $\boldsymbol{v} = \mu\boldsymbol{E}$ で移動します．この磁界中の運動により正孔にローレンツ力 $\boldsymbol{F}$ が働きます．

$$\boldsymbol{F} = q \cdot \boldsymbol{v} \times \boldsymbol{B} = q \cdot (\mu\boldsymbol{E}) \times \boldsymbol{B}$$

　この演算の結果，正孔にはマイナス y 方向への力が掛かります．そのため，図の手前側の正孔は減り，図の奥側に正孔が溜まります．その結果，端子 a がプラス，端子 b がマイナスという電圧が生じます．

　n型半導体の場合は，同じ磁界，同じ電流を当てはめた場合，キャリアが電子になるため，電荷の符号と，キャリアの動く向きが変わります（図10.9(a)）．この場合，

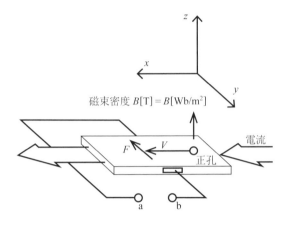

(a) p型半導体

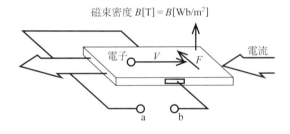

(b) n型半導体

図 10.9 ホール効果の概要

電子に働くローレンツ力は，

$$F = (-q) \cdot v \times B = (-q) \cdot (-\mu E) \times B$$

となります．そのため，図の手前側のキャリアが減り，図の奥側にキャリアが溜るという点はp型半導体と同じですが，キャリアが電子であるため，端子aがマイナス，端子bがプラスという電圧になります．ホール効果は半導体がn型かp型か判定するのに使えます．

金属の場合は，キャリアは電子ですから，端子 a がマイナスで端子 b がプラスという電圧になります．端子 a がプラスなのは半導体にだけ見られる現象です．

ホール効果の測定の際に半導体の寸法等を詳細に測っておくことで，キャリア濃度や移動度を測定することも可能です．図 10.10 に示すように多数キャリアの濃度が p で，寸法は x 軸方向が L，y 軸方向を W，z 軸方向が t の p 型半導体があるとします．磁界 B[T] は z 軸方向です．x 軸方向に電流 I[A] が流れます．x 軸に垂直に p 型半導体を切ったとkの断面積は $w \times t$ なので，x 軸方向の電流密度 j は，$j = \dfrac{I}{wt}$ です．この電流を流すために加えた電圧は V[V] です．x 軸方向の長さは L なので，x 軸方向の電界は $E = \dfrac{V}{L}$ です．

この条件の下で y 軸方向に，ホール電圧と呼ばれる V_H が観測されたものとします．正孔は y 方向に

$$\text{ローレンツ力} = qv \times B = q\mu E \times B = q\mu \dfrac{V}{L} \times B$$

$$V_\mathrm{H} \text{の電界による力} = q\dfrac{V_\mathrm{H}}{w}$$

を受けます．

両者はつり合うことから，移動度 μ を求めることができます．

$$q\mu \dfrac{V}{L} \times B = q\dfrac{V_\mathrm{H}}{w}$$

$$\mu = \dfrac{LV_\mathrm{H}}{wVB} \tag{10-4}$$

こうして得られた移動度は，ホール移動度と呼ばれます．

一方，オームの法則を微視的に見た $j = \sigma E$ に対して，図 10.10 の各定数を当てはめることで次の関係が成り立ちます．

$$\dfrac{I}{wt} = j = \sigma E = pq\mu E = pq\mu \dfrac{V}{L} \tag{10-5}$$

ここで，式 (10-4) と式 (10-5) を連立させることで，正孔濃度 p を求めることができます．

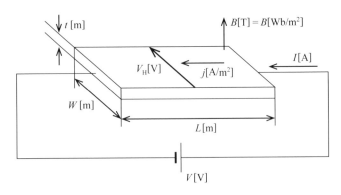

図 10.10　ホール効果の概要

$$p = \frac{L\,I}{q\mu\,wtV} = \frac{I\,B}{qt\,V_H} \tag{10-6}$$

　この式は n 型半導体にも当てはめることができます．IB が確定しているなら，$V_H \times [$キャリア濃度$]$ は一定の値になります．このことから，金属のようにキャリア濃度が大きい場合 V_H は小さく，半導体のようにキャリア濃度が小さいほど V_H は大きくなります．ホール効果を磁界のセンサとして使う場合，センサには半導体が使われます．

■ コラム6　拡散長

　拡散長は半導体デバイスの大きさについて考える際に理解しておくべき特性です．

　ここで，p 型半導体において，x を座標とした一次元の系を考えます．熱平衡時の電子濃度を n_p とし，光もあたらないとします．また，$x=0$ での電子濃度は常に n_0 を保つ電子分布 $n(x)$ をこれから求めます．

　x が十分に大きいときの電子濃度は n_p です．光もあたらず，また，p 型半導体は電気伝導がありドリフト電流もないため，少数キャリア連続の式は次

のようになります．

$$\frac{\partial(n-n_p)}{\partial t} = D_n \frac{\partial^2 n}{\partial x^2} - \frac{n-n_p}{\tau_n}$$

安定した電流が流れるときのこの方程式の解は，

$$\frac{\partial(n-n_p)}{\partial t} = 0 = D_n \frac{\partial^2 n}{\partial x^2} - \frac{n-n_p}{\tau_n}$$

を満たすことから，

$$n(x) = n_p + (n_0 - n_p)e^{-\frac{x}{L}}$$

となります．

ここで L は拡散長と呼ばれ，$L = \sqrt{D_n \cdot \tau_n}$ です．拡散電流 i は

$$i = D_n \frac{\partial n(x)}{\partial x} = \sqrt{\frac{D_n}{\tau_n}} \cdot (n_0 - n_p)e^{-\frac{x}{L}}$$

と表されます．$x=0$ でキャリア濃度の変化率は最大です．

拡散電流はキャリア濃度の変化率に比例するため，$x=0$ はまた拡散電流も最大になります．x が大きくなるにつれて電子濃度が減るのは，再結合をするからです．x とともに電子濃度は n_p に近づいてゆき，それと共に拡散電流は小さくなります．再結合は，自由電子だけでなく正孔の数も減らします．減った正孔は，外部電圧からの正孔の流れによって補填されます．つまり，再結合は，p 型半導体内の電流を，自由電子によるものから正孔による電流に変換します．

ある場所のキャリア濃度が大きいと，拡散によってそのキャリアが他に影響することになりますが，拡散長だけ離れると影響は $\frac{1}{e}$ 倍になりますので，拡散長の数倍の距離があれば影響がほとんどなくなります．同じシリコン基板上にダイオードを2つつくるときに，もしも拡散長の数倍以上離せばダイオード同士の干渉はなくなります．一方，2つのダイオードが拡散長よりも十分に近くにあれば，バイポーラトランジスタとして働くことになります．

力試し問題

① 図 10.11 の初期条件で示されるキャリア分布があったとき，
(ア) 再結合だけが生じる
(イ) 拡散電流だけが生じる
とするならば，短時間の後にキャリア分布はどうなるか図示しなさい．

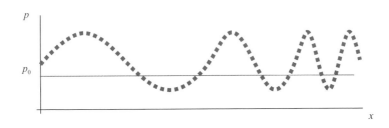

図 10.11　拡散と再結合によるキャリア濃度の変化

② 図 10.12 の初期条件で示されるキャリア分布があったとき，短時間の後にキャリア分布はどうなるか図示しなさい．このとき，拡散電流と再結合は考えないとする．

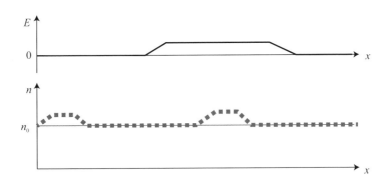

図 10.12　ドリフト電流によるキャリア濃度の変化

■ 解答例

①

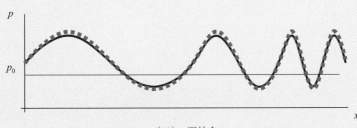

(ア) 再結合

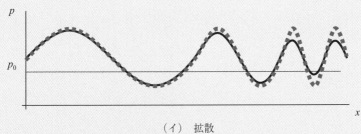

(イ) 拡散

②

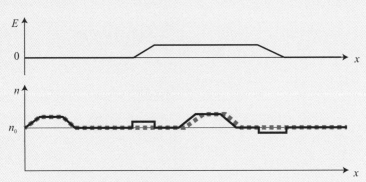

11章　半導体と半導体デバイス

本章で学ぶこと

　本章では半導体を使ったデバイス（素子）について説明します．半導体素子の構造は，基本的にはn型半導体とp型半導体の組み合わせです．前の章まで学んできた知識や理論をこれらに対して当てはめることで，実用的に使われている様々な半導体素子の動作の基本を理解することができるようになります．本章は大きな「実」であり，これを実らせるために今までの章があったと言っても過言ではありません．ところどころに数式が出てきますが，今までの章で学んだ範囲です．

　最初にデバイスの基本であるpn接合について，その構造，その電圧・電流特性を学びます．このとき，p型とn型の間に位置する領域である空乏層についても学びます．空乏層は，特にFETの動作を知る上で重要です．pn接合ダイオードの特性に加え，トンネルダイオードや発光ダイオードやレーザーダイオードなど，pn接合を使いながらも整流用以外の用途に用いられる素子についても学びます．続いて，エレクトロニクスを支える最重要なデバイスであるバイポーラトランジスタとFETについて学びます．最後に，金属-半導体接合の特性について学びます．この接合は，自身がデバイスになることもありますが，ケーブルを半導体に接続するためにも重要です．

(1)　半導体デバイスとpn接合

　半導体を使ったデバイス（半導体デバイス）にはさまざまな種類があります．（表11.1）これらの素子の構造は，例外を除いてp型半導体とn型半導体の組み合わせでできています．p型半導体とn型半導体が接合する部分をpn接合といいます．

11章 半導体と半導体デバイス

表11.1 半導体デバイスの例

整流素子	pn接合ダイオード…小信号用，大電力用 ショットキーダイオード
特殊用途ダイオード	ツェナーダイオード 可変容量ダイオード（バラクタダイオード）
マイクロ波ダイオード	ピンダイオード トンネルダイオード（エサキダイオード） インパットダイオード ガンダイオード
受光素子	フォトダイオード 太陽電池 フォトトランジスタ
発光素子	発光ダイオード（LED = Light Emitting Diode）
バイポーラトランジスタ	NPN型，PNP型
電界効果トランジスタ （FET = Field Effect Transistor またはユニポートランジスタ）	nチャネル，pチャネル接合型，MOS型（MOS = Metal Oxide Semiconductor），エンハンスメント型，デプレッション型
大電力ON/OFF制御用素子	サイリスタ IGBT
その他	チャージカップルトデバイス（CCD） ユニジャンクショントランジスタ（UJT）

pn接合のつくり方には，さまざまな方法があります．

合金法はまずはn型の半導体を用意します．続いて，アクセプタとなる金属をその半導体の上に置いて清浄な雰囲気の下で加熱します．その結果，金属を置いたところから半導体中にアクセプタが拡散してp型の半導体がつくられ，pn接合がつくられます．

拡散法は不純物の雰囲気中で半導体を加熱することにより，半導体表面からその内部に不純物を入れてゆくというものです．例えば，最初にn型半導体を用意し，不純物をアクセプタとすれば，表面付近がp型，内部がn型としてpn接合ができます．

イオン注入法は，ガス状の不純物をイオン化し，これに電界をかけて加速して半導体中に打ち込むというものです．一括して多量に処理することは苦手ですが，打ち込

み先を自由に制御できますから,つくる pn 接合のパターンを自在に制御できます.

エピタキシャル成長法は,結晶を成長させる際に不純物を入れてしまう方法です.母材をつくる原料を供給している間の不純物の供給量を変えることによって,例えば最初に n 型の層をつくって続いて p 型の層をつくるなど.結晶が成長する方向の構造を自由につくることができます.

pn 接合からできたデバイスであるダイオードの回路図記号と,その電圧電流特性の例を図 11.1 に示します.他のダイオードと区別するときは pn 接合ダイオードと呼びます.

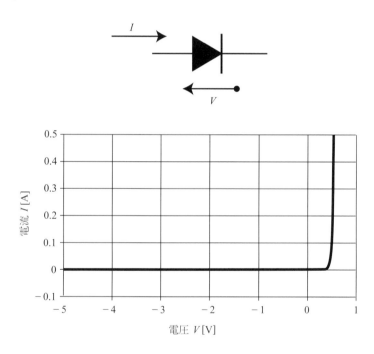

図 11.1　pn 接合の電圧電流特性の例

p 型に正の n 型に負の電圧を加えると,低い電圧でも大きな電流を流すことができます.この方向を順方向といいます.適当な範囲の中で電圧と電流の関係は,指数関数になっています.その逆方向の電圧を加えたときには,ほとんど電流は流れません.

次節から,この pn 接合の電圧電流特性の理論や,他の素子の特性について触れます.

(2) pn 接合の電圧 - 電流特性

p型半導体とn型半導体が独立して存在しているときのキャリアの様子とバンド構造を 図 11.2 に示します．どの半導体も，電気的中性条件が保たれています．外部から電圧を加えていないときのpn接合を図 11.3 に示します．

図 11.2　n型とp型

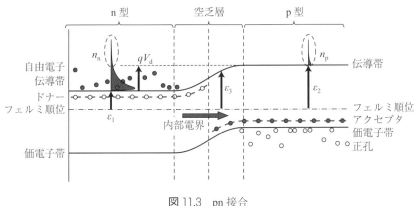

図 11.3　pn 接合

pn 接合は，フェルミ準位を基準に p 型領域と n 型領域が接続されます．n 型と p 型の間に，n 型でなく p 型でもない領域ができます．これを空乏層といいます．これら3つの領域についてもう少し説明します．図 11.3 の左側は n 型領域であり，自由電子による電気伝導があります．n 型領域内の自由電子の濃度 n_n は，フェルミ準位と伝導帯のエネルギー差 ε_1 を式 (9-1) にあてはめることで求めることができ，3つの領域の中で電子濃度は最大です．

$$n_\mathrm{n} = N_\mathrm{c} e^{-\frac{\varepsilon_1}{kT}} \tag{11-1}$$

多数の自由電子があることで電流をよく流しますから，どこも同じ電位であり，n型領域内のエネルギーの高さはどこも同じです．この領域には正孔もありますが，少数キャリアであり極少です．同図の右側はp型領域です．多数キャリアは正孔であり，正孔による電気伝導があって電気をよく通します．ですからこの領域内はどこも同じ電位であり，エネルギーの高さも同じです．なお，自由電子の濃度n_pは，3つの領域の中で最小です．

$$n_\mathrm{p} = N_\mathrm{c} e^{-\frac{\varepsilon_2}{kT}} \tag{11-2}$$

　同図の中央部分は空乏層と呼ばれます．図では存在感がありますが，空乏層内のことを説明するために敢えて広く描いたものであり，実際には電子素子の中のほんのわずかな薄さです．図中，ε_3の矢印がある場所の自由電子の濃度も式(11-1)にあてはめることで求めることができます．式(11-1)は指数関数ですから，ε_3の値がε_1より少しでも小さくなれば，電子の濃度はn型領域の値に比べて指数関数的に小さくなります．空乏層領域の正孔濃度も，p型領域のそれよりも小さい値です．そのため，各領域の多数キャリアの大きさを比較すると，空乏層は3つの領域の中で最少であり，絶縁性が一番大きい領域です．

　ドナーは，n型領域であろうと空乏層中であろうと電子を放出していて正に帯電しています．n型領域では，ドナーの回りには，ドナーと同じ濃度の自由電子がありますから，ドナーを含む領域は電気的に中性です．一方，空乏層中のドナーの回りには，電子はほとんどないため，ドナーを含む領域は正に帯電します．アクセプタについても同様であり，空乏層中のアクセプタを含む領域は負に帯電します．この結果，空乏層中にはn型領域からp型領域に向けた内部電界が生じます．そして電界は電位差V_dをもたらします．この電位差は，拡散電位と呼ばれています．ε_1とε_2とのエネルギー差はqV_dですから，

$$\frac{n_{\mathrm{p}}}{n_{\mathrm{n}}} = \frac{N_{\mathrm{c}} e^{-\frac{\varepsilon_2}{kT}}}{N_{\mathrm{c}} e^{-\frac{\varepsilon_1}{kT}}} = \frac{e^{-\frac{\varepsilon_1 + qV_{\mathrm{d}}}{kT}}}{e^{-\frac{\varepsilon_1}{kT}}} = e^{-\frac{qV_{\mathrm{d}}}{kT}} \tag{11-3}$$

という関係が成り立ちます．図中の，巻貝の様に下が太くて上に行くほど細くなった形は，伝導帯内の電子がどのエネルギー位置にどのように分布しているか示すものです．電子が存在する確率が高いのは，バンドの底です．一方，存在確率は小さくなるものの，バンド内の高いエネルギーのところにも電子は存在する可能性があります．n_{p} と n_{n} の大きさは異なりますが，両者を同じエネルギーレベルで比較すると同じ大きさになります．

ここで外部から電圧 V_{EXT} を導入し，n 型半導体に対して p 型半導体に正の電圧 V_{EXT} を加えたのが図 11.4 です．この電圧の方向を順方向と呼んでいます．電圧 V_{EXT} を順方向バイアスといいます．正の電圧は，負の電荷をもつ電子にとってエネルギー的に安定なものであり，バンド図では p 型は低い位置にずれました．

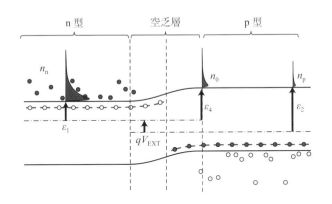

図 11.4　順方向バイアス

図中の空乏層内にはフェルミ準位が 2 本書かれています．高いほうのフェルミ準位は，空乏層内の電子濃度の計算に，低いほうのフェルミ準位は，同じく正孔濃度の計算に用います．前述のように空乏層は薄く，空乏層内のキャリアの濃度は多数キャリアの影響を受けるためです．その結果，p 型半導体の空乏層との境界部分では，電子

濃度が大きくなります．この電子濃度を n_0 と置くと，

$$n_0 = N_c e^{-\frac{\varepsilon_4}{kT}} = N_c e^{-\frac{\varepsilon_2 - qV_{EXT}}{kT}} = n_p e^{\frac{qV_{EXT}}{kT}} \tag{11-4}$$

と計算できます．p型領域における電子の濃度の $n_0 > n_p$ という条件は，拡散電流をもたらします．拡散電流の大きさは，濃度差に比例します．したがって，電子の拡散現象による電流 i_n は，次式で与えられます．

$$i_n \propto (n_0 - n_p) = n_p \left(e^{\frac{qV_{EXT}}{kT}} - 1 \right) \tag{11-5}$$

この議論は，前章の＜コラム6＞でも触れました．式(11-5)は，n型領域における正孔による電流 i_p にも当てはまります．

$$i_p \propto p_n \left(e^{\frac{qV_{EXT}}{kT}} - 1 \right) \tag{11-6}$$

ダイオードに流れる全電流 i_d は i_n と i_p の和です．

$$i_d \propto e^{\frac{qV_{EXT}}{kT}} - 1 \tag{11-7}$$

この特性は，図11.1に示した電圧電流特性と同じであり，逆バイアス，すなわち V_{EXT} が負の値のときも成り立ちます．

(3) pn接合の電圧 – 容量特性

pn接合は空乏層という絶縁体を，n型とp型という導体で挟んだ構造ですから，コンデンサの一種だと考えることもできます．（図11.5）誘電率 ε の物質を平行で平板ではさんでつくられるコンデンサの容量 C は，

$$C = \frac{\varepsilon S}{d} \, [\mathrm{F}] \tag{11-8}$$

で求めることができます．ただし S は電流を流す経路の断面積，d は空乏層の厚みです．

11 章　半導体と半導体デバイス

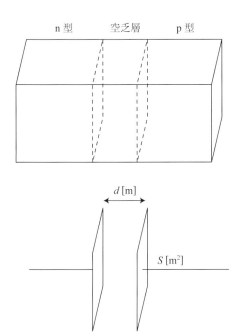

図 11.5　ダイオードの中にあるコンデンサ

　S は構造からすぐに求められるので，ここでは既知の値と考えます．本節では，d を求めることによって，C の値を求めます．取り扱うダイオードは，不純物の分布が階段接合と呼ばれる構造だとします．図 11.6 に，ここで議論するダイオードの構造・電荷濃度・電界・電圧・エネルギーをまとめました．コンデンサは直流電流を流さない素子ですので，ダイオードに加える電圧は逆方向バイアスになります．以下順番に説明します．なお階段接合とは，均一なドナー濃度 N_D の領域と均一なアクセプタ濃度 N_P の領域が接合した構造であり，エピタキシャル成長法によってつくることができます．

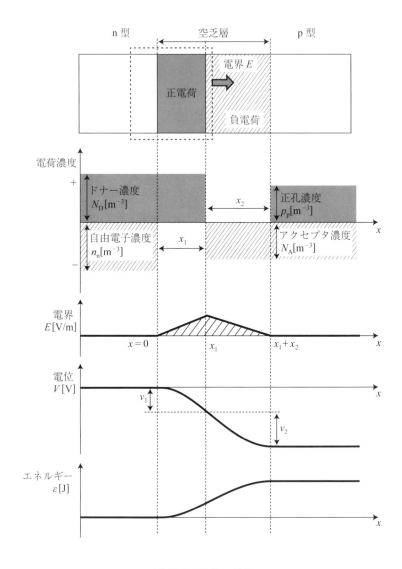

図 11.6 電位の計算

ドナーは電子を放出してプラスに帯電し，アクセプタは電子を受け取ってマイナスに帯電しています．n型とp型の領域は，電気伝導が生じる領域であり，それぞれの領域の多数キャリアは，不純物と同じ濃度になり，電気的に中性です．

$$n_n = N_D$$
$$p_p = N_A \tag{11-9}$$

接合部の付近は空乏層になり，キャリア無しとして扱えます．空乏層内には，帯電した不純物によって電界が生じます．ここで，空乏層内のドナーとアクセプタの領域がそれぞれ x_1，x_2 の幅とすると，デバイス全体で電気的に中性であることから次式が成り立ちます．

$$N_D x_1 = N_A x_2 \tag{11-10}$$

電界の大きさは，ガウスの定理によって求められます．図11.6の点線のように，n型領域と，空乏層内のどこか1カ所を横切る長方形の領域を考えます．ガウスの定理により，

$$\int_{Surface} \boldsymbol{E} \cdot d\boldsymbol{S} = \int_{Volume} \frac{Q}{\varepsilon} dv \tag{11-11}$$

が成り立ちます．このとき，物理的考察に鑑みて，左辺は空乏層内の面積 S での値のみ考えれば十分です．なぜなら，n型領域は導体ですから電界はありません．また，空乏層の厚みは実際には非常に薄いものですから，面積 S に直角な面は，非常に狭いものであり，積分値に対して影響がほとんどないからです．

この結果，電界は次のように表されます．

$$\boldsymbol{E}(x) \cdot \boldsymbol{S} = \frac{qSN_D}{\varepsilon} x \quad (0 < x < x_1) \tag{11-12}$$

$$\boldsymbol{E}(x) \cdot \boldsymbol{S} = \frac{qS}{\varepsilon} \{N_D x_1 - N_A(x - x_1)\} \quad (x_1 < x < x_1 + x_2)$$

電界の最大値は $x = x_1$ のときの値であり，次式で与えられます．

$$\boldsymbol{E}(x_1) = \frac{qN_D x_1}{\varepsilon}$$

電圧 $V\,[\mathrm{V}]$ は,電界の積分です.

$$V = -\int \boldsymbol{E} \cdot d\boldsymbol{l} \tag{11-13}$$

これは電界のグラフ中の斜線の三角形の面積を求めることと同じです.n 型領域の電位を $0\,[\mathrm{V}]$ として,p 型領域の電位を求めます.$x=0$ の場所では,

$V(0) = 0$ (定義による)

$x = x_1 + x_2$ では,

$$\begin{aligned}
V(x_1+x_2) &= V_1 + V_1 \\
&= -\frac{1}{2}\cdot\frac{qN_\mathrm{D}x_1}{\varepsilon}\cdot x_1 - \frac{1}{2}\cdot\frac{qN_\mathrm{D}x_1}{\varepsilon}\cdot x_2 \\
&= -\frac{1}{2}\cdot\frac{qx_1}{\varepsilon}\cdot(N_\mathrm{D}x_1 + N_\mathrm{D}x_2) \\
&= -\frac{1}{2}\cdot\frac{qx_1 x_2}{\varepsilon}\cdot(N_\mathrm{A}+N_\mathrm{D})
\end{aligned} \tag{11-14}$$

こうして求めた式 (11-14) に,式 (11-8) の 2 乗を掛け,計算します.なお,$d = x_1 + x_2$ です.

$$\begin{aligned}
|V(x_1+x_2)|\times C^2 &= \frac{1}{2}\cdot\frac{qx_1x_2}{\varepsilon}\cdot(N_\mathrm{A}+N_\mathrm{D})\times\left(\frac{\varepsilon S}{x_1+x_2}\right)^2 \\
&= \frac{q\varepsilon\cdot S^2}{2}\cdot\frac{x_1 x_2}{(x_1+x_2)^2}\cdot(N_\mathrm{A}+N_\mathrm{D}) \\
&= \frac{q\varepsilon\cdot S^2}{2}\cdot\frac{1}{\left(1+\dfrac{x_1}{x_2}\right)\left(1+\dfrac{x_2}{x_1}\right)}\cdot(N_\mathrm{A}+N_\mathrm{D}) \\
&= \frac{q\varepsilon\cdot S^2}{2}\cdot\frac{1}{\left(1+\dfrac{N_\mathrm{A}}{N_\mathrm{D}}\right)\left(1+\dfrac{N_\mathrm{D}}{N_\mathrm{A}}\right)}\cdot(N_\mathrm{A}+N_\mathrm{D}) \\
&= \frac{q\varepsilon\cdot S^2}{2}\cdot\frac{N_\mathrm{A}N_\mathrm{D}}{N_\mathrm{A}+N_\mathrm{D}}
\end{aligned}$$

この結果,容量 C は次式で表されます.

$$C = S\sqrt{\frac{q\varepsilon}{2}\cdot\frac{N_\mathrm{A}N_\mathrm{D}}{N_\mathrm{A}+N_\mathrm{D}}\cdot\frac{1}{V(x_1+x_2)}}$$

この導出により，階段接合の pn 接合によるコンデンサの特徴はつぎのようにまとめられます．

- 容量値は逆方向バイアス電圧の関数であり，電圧の $(-\frac{1}{2})$ 乗に比例する．
- 同じ逆方向バイアス電圧の場合，不純物濃度 N_D, N_A が大きいほど容量値も大きい．（言い換えれば，不純物濃度が大きいほど空乏層幅は狭い）
- 不純物濃度 N_D, N_A に差がある場合，容量値は主に薄いほうの不純物濃度から決まる．
- 同じく不純物濃度 N_D, N_A に差がある場合，不純物濃度の薄いほうに空乏層は広がる．
- 逆バイアス V は，拡散電位 V_D と外部電圧 V_{EXT} の和であり，V_D を求めるには横軸を外部電圧，縦軸を容量の (-2) 乗としてグラフを書き，容量の (-2) 乗が 0 になったときの電圧を求めれば良い．

ダイオードの不純物の分布は，階段接合以外も考えられます．不純物濃度が変位に対して 1 次式（専門用語では，傾斜型と呼ばれます）だったとしても同じ求め方をすれば容量と電圧の関係が求まります．なお，濃度が 1 次式だった場合，それを積分して電界は変位の 2 次式，さらに積分して電圧は変位の 3 次式になるため，容量値は逆バイアスに対して $(-\frac{1}{3})$ 乗になります．

逆バイアスを加えたときに絶縁破壊を起こしにくいダイオードをつくるには，逆バイアスが大きいときに x_1+x_2 が大きくなれば良いので，不純物濃度を低めにします．

(4) pn 接合を使った整流ダイオード以外のデバイス

ダイオードに逆方向に大きな電圧を加えてゆくと急に電流が大きくなります．これをブレークダウンといいます．ブレークダウンの電圧が決まっているダイオードは，定電圧ダイオードまたはツェナーダイオードとして知られています．図 11.7(a) にその電圧電流特性を示します．

定電圧ダイオードが働く機構は 2 つあります．1 つはツェナー効果といい，逆バイアスによって薄くなった空乏層の障壁を，トンネル効果で電子が通過する現象です．（図 11.7(b)）

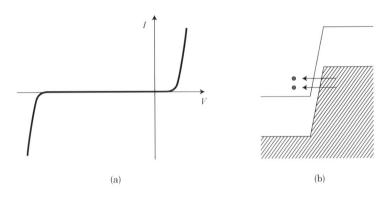

図 11.7　定電圧ダイオードの電圧電流特性とツェナー効果

もう1つはアバランシェ効果といい，逆バイアスによって流れる僅かな数のキャリアがエネルギーを失うときに，そのエネルギーによって新たに電子正孔対をつくり出し，繰り返すことによって，ちょうどなだれのようにキャリアが拡大再生産して大きな電流が流れるというものです．（図 11.8）

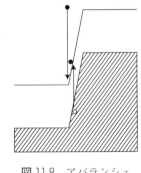

図 11.8　アバランシェ

図 11.9 の実線の電圧電流特性は，トンネルダイオードの特性です．電圧を上げるほど電流が減るという負性抵抗の特性を持っていることが特徴です．参考に，通常の整流ダイオードの特性を点線で示します．トンネルダイオードの構造は，n型半導体において伝導帯内にフェルミ準位が位置するまで多量にドーピングし，p型も価電子帯内にフェルミ準位が位置するまで多量にドーピングしたものです．不純物のドーピング量は非常に大きく，その結果空乏層は極めて薄い構造であり，トンネリングに

よって電子は空乏層を通過できます．そのため，電圧を少しでも加えると，電流がよく流れます．ところが，n型半導体の電子と，p型半導体の禁止帯がちょうど同じエネルギー準位になると電流が流れなくなります．さらに順方向の電圧を大きくしたときは，通常のダイオードの様に電流が増えてゆきます．

なお，これまでは伝導帯内の電子濃度や価電子帯内の正孔濃度を式 (9-1)，(9-2) のように表すことができるとしてきましたが，このような高濃度の不純物の入った半導体にはこれらの式は当てはまりません．

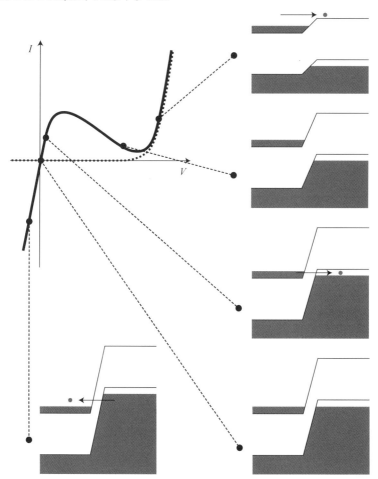

図 11.9　トンネルダイオード

pn 接合は光に関係した素子にも使われています．

発光ダイオード（LED, Light Emitting Diode）は，発光したい光の波長やエネルギーに対応するバンドギャップの半導体でできた pn 接合です．（図 11.10）III-V 族化合物半導体がよく使われます．

レーザーダイオード（LD）は，pn 接合によって発光させる点は LED と同様ですが，pn 接合から離れたところに大きなバンドギャップの材料を使うことによって，pn 接合付近に多数のキャリアを閉じ込める点が異なります．（図 11.11）キャリアの数が多いために，通過する光によって誘導放出が生じて，出力する光の波長や位相が揃います．なお，空乏層は非常に薄いものとして図をかいています．

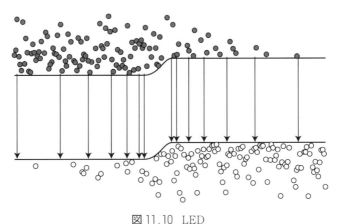

図 11.10 LED

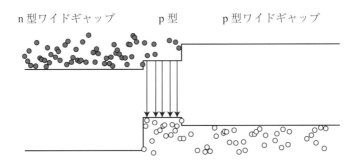

図 11.11 LD

受光素子として単体の半導体を使うことができます．

図11.3で説明したpn接合は太陽電池の原理図でもあります．光の吸収によって空乏層内で電子正孔対が発成すると，空乏層の内部電界によって電子はn型半導体側に，正孔はp型半導体側に移動し，その流れが外部への電流になります．こうして光のエネルギーを電気のエネルギーに変換します．

フォトダイオードもpn接合からなります．フォトダイオードはセンサや通信用であり，応答速度や出力の入力に対する線形性が重要です．高速応答のためには，pn接合に逆バイアスを印加して，流れる電流値を取り出します．p型とn型の間に真性半導体（Intrinsic型）を挿入したPINフォトダイオードは，端子間の容量が小さく，高速応答に適します．

(5) バイポーラトランジスタの特性

バイポーラトランジスタは，図11.12(a), (b)のように，p型半導体とn型半導体が交互に合計3層並んだものであり，その並び方の順番にはnpnとpnpの2種類があります．増幅回路をつくるときに使う素子であり，エレクトロニクス技術を支えています．それぞれの回路図記号も(c), (d)にそれぞれ示しました．3層の中央はベース（B, Base），両端はそれぞれエミッタ（E, Emitter）とコレクタ（C, Collector）と呼びます．

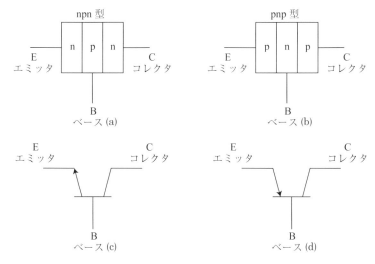

図11.12 バイポーラトランジスタ

このうち，ベース領域は図中に目立つように書いてありますが，実際には薄く，拡散長よりも十分に薄くつくられています．エミッタとベースの間には矢印が付いていますが，これは pn 接合ダイオードの回路図記号の三角形と同じ向きを向いています．

npn と pnp では，電流の流れる方向を除いて中で生じる物理現象がちょうど向きが変わるだけですので，これ以降は npn トランジスタだけ取り上げて説明します．バイポーラトランジスタを使って増幅回路をつくるときは，図 11.13 のように配線します．

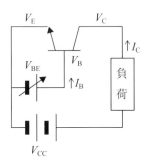

図 11.13　npn トランジスタを使った増幅回路

まず，大きな電圧 V_{CC} と負荷となる抵抗を，コレクタとエミッタの間に接続します．電圧の向きは，コレクタとベースを逆バイアスとする方向です．負荷は，例えば電球などが想定されます．続いて，可変電源をエミッタとベースの間に接続します．電圧の向きは，エミッタとベースをダイオードみなしたとき電流をよく流す方向（すなわち順方向）です．ここで可変電源は信号のことであり，電球を明るくしたいときは可変電源の電圧を大きくし，暗くしたいときは可変電源の電圧を小さくします．

バイポーラトランジスタの各部の電圧や電流の関係を図 11.14 に示します．ベース端子とエミッタ端子の電位差 $V_B - V_E$ を V_{BE} と表し，コレクタ端子とエミッタ端子の電位差 $V_C - V_E$ を V_{CE} と表しています．I_B と V_{BE} はダイオード特性そのものです．

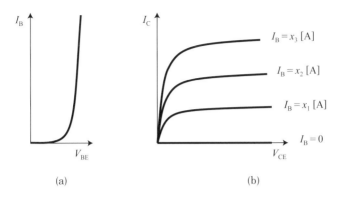

図 11.14　npn トランジスタの電気特性

　I_C は，V_{CE} が小さいときを除いて V_{CE} にほとんど影響されず，I_B によって決まる値になります．

　この節のこれ以降のテーマは，この電気特性が生じる理由を，素子内部のキャリアの動きから説明することです．

　図 11.15 に示すのは，図 11.13 の図におけるトランジスタのバンド図です．ベース内の電子濃度を n_B と置きましょう．コレクタとベースには逆バイアスが加えられており，(a) 図は V_{BE} が 0 V，(b) 図は V_{BE} > 0 V です．ベースの幅は W とします．ベースとエミッタの境界を $x=0$ とすると，ベースとコレクタの境界は $x=W$ です．外部から加えた電圧は，空乏層の両端のエネルギー差を決めます．なぜなら，n 型や p 型の領域は電気抵抗が小さいため，その内部に電位差はなく，電位差は絶縁体の空乏層に集中するためです．

　電圧 V_{CC} によって電流が流れるならば，トランジスタのコレクタ端子から入ってベース領域を通ってエミッタ端子から抜けて V_{CC} に戻ります．エミッタとコレクタが n 型であることから，電子の動きで考えますと，エミッタからコレクタに向けた流れです．

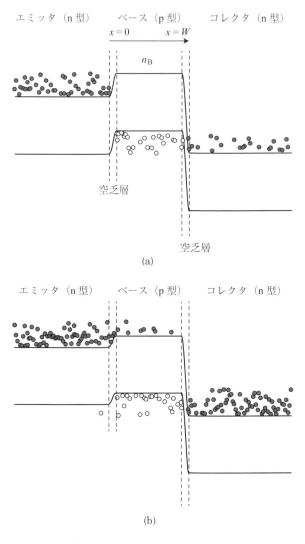

図 11.15　トランジスタバンド図

図 11.15(a) では,エミッタとコレクタの間のベース領域が,電子の流れの妨げになっています.このときのベース内の電子濃度を n_B とおきましょう.n_B は少数キャリアなので,その数は極少ですし,エミッタからベースには電子は入ることができま

せん．そのためエミッタとコレクタ間の電子の流れはほとんどありません．

図 11.15(b) は，エミッタとコレクタに順方向バイアス V_{BE} を加えたものです．その結果，エミッタ領域の電子がベースに入ることができるようになります．ベースのエミッタ側の端の電子濃度は，図 11.4 の n_0 ときと同様に求められ，

$$n(0) = n_B \times e^{\frac{qV_{BE}}{kT}}$$

となります．一方，ベースのコレクタ側の端の電子濃度は，ほぼゼロです．

$$n(W) = 0$$

これにより，幅 W の中に，

$$n(0) - n(W) = n_B \times e^{\frac{qV_{BE}}{kT}}$$

という大きさのキャリア濃度が生じ，この濃度差に比例した拡散電流が生じます．エミッタからベースに流れ込んだ電子の大半はコレクタから流れ出てゆきますが，一部の電子はベース領域内での再結合によって失われて，コレクタに到達しません．この再結合は，ベース電流 I_B になります．ベース領域の幅は拡散長よりも十分に短いので，生じる再結合は多くはありません．代表的なトランジスタの場合，エミッタから流れ込んだ電子のうち，約 1 % が再結合をします．すなわち，1 % がベース電流になり，99 % がコレクタ電流になります．コレクタ電流とベース電流の比率 β は 99 倍となります．

ここまでの説明には，V_{CE} の影響がありません．すなわち，トランジスタの動作は V_{CE} に影響されません．以上により図 11.14 の電気特性が説明できました．

pnp トランジスタならばエミッタからコレクタへの正孔の流れによってその動作特性を説明できます．なお，自由電子と正孔を比べると自由電子の移動度が大きいのが普通ですから，同じ材料技術でつくられたトランジスタなら，基本的に npn の方が性能は高くなります．

(6) FET の特性

電界効果トランジスタ（FET：Field Effect Transistor）も，増幅回路をつくる素子ですが，バイポーラトランジスタとは異なる構造です．FET はユニポーラトランジスタともいわれます．図 11.16 に n チャネル型接合型電界効果トランジスタの構造 (a) と回路図記号 (b) を示します．n 型半導体の両端にソース端子とドレイン端子を設けます．この 2 つの端子は出力電流を流す経路になります．この電流経路の両側に p 型半導体を設け，ゲート端子を取り出します．この図には書いていませんが，pn 接合には空乏層が生じます．

n チャネル接合型 FET

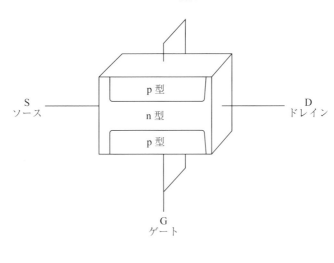

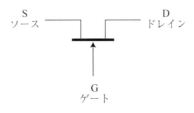

図 11.16 接合型 FET

図 11.17 と図 11.18 に，この FET の使い方の例と電気特性を示します．V_{DS} に電圧を加え，その回路内に負荷抵抗が入ります．これはちょうどバイポーラトランジスタの V_{CE} と同じ使い方です．ゲート端子は，V_{GS} は，pn 接合に逆バイアスが加わるように電圧を加えます．この電圧が V_{DS} に流れる電流を制御します．これはバイポーラトランジスタの V_{BE} と似た使い方ですが，バイポーラトランジスタの場合はベース端子に電流が流れたのに対し，接合型 FET では pn 接合に対して逆バイアスを加えるので，電流 I_G は非常に小さな電流であり，ほとんど 0 A とみなして構わないという点が異なります．接合型以外の FET も I_G はほとんど 0 A として扱うことができます．

この節でもこれ以降は，この電気特性が生じる理由を，素子内部のキャリアの動きから説明します．

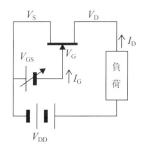

図 11.17 FET 回路

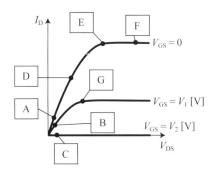

図 11.18 FET の電気的特性

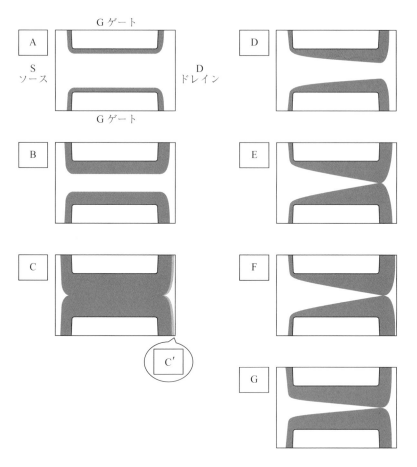

図11.19　FET内部の様子

図11.18の A ～ G におけるFET内部の様子を図11.19に示します．それぞれの図内の灰色の部分は空乏層です． A は，$V_{GS}=0$ で，V_{DS} が小さいときです．SとDの間に電流が流れるときは，その間に横たわるn型半導体を電流が通ります．この電流経路をチャネルといいます．ゲートとの間の空乏層は狭く，チャネルの幅は A ～ G の中で一番広くなっています．このとき，V_{DS} と I_S の関係は比例関係です．比例定数は，チャネルを構成するn型半導体の抵抗率と，チャネルの長さと，チャネルの断面積によって決まります． B は，$V_{GS}=V_1$ という適当な電圧で，V_{DS} が小さいときです．

逆バイアスが大きくなったため，空乏層は A のときよりも広くなり，チャネルは狭くなります．C はゲートに加わる逆バイアスがさらに大きくなって，チャネルがなくなるまで空乏層が広がった状態です．その結果，チャネルが消えてしまいました．この状態をピンチオフといいます．V_2 はこの FET の特性と大きく関わる電圧です．ピンチオフ状態になると，S と D の間には高抵抗の空乏層が横たわることになり，V_{DS} をいくらプラス方向に変化させてもその電圧変化は図の D 側の空乏層（図では C′ の場所）の厚さを変化させるだけの効果しかなく，S は V_{DS} の変化を知ることができないため電流の変化はありません．D は A の状態から V_{DS} を大きくしたときです．このとき，D には正の電圧が加わり，D と G の間の逆バイアスは大きくなりますので，D 付近の空乏層は広がります．その結果，A では比例関係といえた V_{DS} と I_S の関係が，D ではもはや比例とは言えなくなってきます．E は V_{DS} を V_2 にしたときの状態です．先に C において触れましたが，この FET では V_2 はピンチオフをもたらす電圧です．F は V_{DS} を V_2 よりも大きくした状態です．ピンチオフの電圧を超えたならば V_{DS} をいくらプラス方向に変化させてもその電圧変化は D 側の空乏層の厚さを変化させるだけの効果しかなく，S は V_{DS} の変化を知ることができないため電流の変化はありません．G は B の状態から V_{DS} を大きくしてピンチオフにしたところです．これ以上の電圧では電流は一定です．

　図 11.18 の構造だが，n 型と p 型を入れ替えたものを p チャネル型 FET といいます．電気的特性は正負の向きが逆になることを除いて同様です．

　FET には図 11.20 の MOS（Metal Oxide Semiconductor）型と呼ばれる構造もあります．これは，p 型半導体のうち 2 ヶ所に n 型領域を設けて電極をつけて S と D にするとともに，S と D の間に絶縁体と金属電極をつけて G にしたものです．図 10.20(a) に比べて図 10.20(b) は G に負の電圧を加えたものであり，そのために S-D 間のチャネルが狭くなったものです．MOS 型も基本的な電気特性は接合型 FET と同じですが，MOS 型は G とチャネルの間に絶縁体があるため，G には負だけでなく正の電圧も加えることができます．

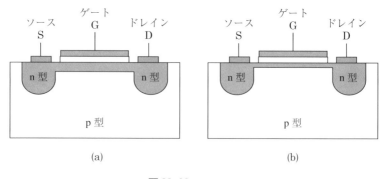

図 11.20 MOSFET

　また，半導体の表面に加工するだけで素子をつくることができるので集積回路（IC, Integrated Cirecuit）に適した構造です．

(7) 金属 - 半導体接合の電圧 - 電流特性

　金属と半導体の接合は，電圧電流特性が整流特性になることがあります．このように整流特性をもつ金属 - 半導体接合をショットキー接合といいます．この接合を利用した素子がショットキーバリアダイオードです．このダイオードの動作はバンド図によって説明できます．図 11.21(a) に無バイアスのとき，(b) は順方向バイアスを加えたとき，(c) は逆方向のバイアスを加えたときのバンド図です．半導体と金属の間に障壁があることによって整流作用が生じます．ショットキーバリアダイオードの電圧電流特性を pn 接合ダイオードと比べると，逆バイアスを掛けたときの漏れ電流は大めです．また，順方向時に同じ大きさの電流を流すときに必要なバイアス電圧は小さめです．動作速度が早いという特徴もあります．

　加えた電圧と流れる電流が比例する接合をオーミック接合といいます．オーミック接合には 2 つの実現方法があります．1 つのやり方は，不純物濃度が高濃度の半導体を使って，障壁の幅をトンネリングが生じるほどの薄さにすることです．もう 1 つのやり方は，接合部に障壁ができない組み合わせを用いることです．オーミック接合だけでは特にデバイスをつくるわけではありません．しかし，オーミック接続は，デバイスをつくるときに必要になる重要な技術です．

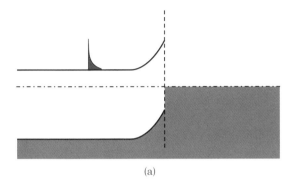

(a)

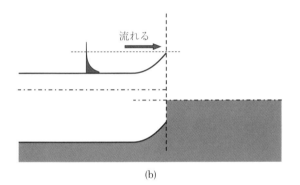

(b)

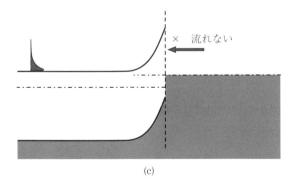

(c)

図 11.21 ショットキーバリアーダイオード

■ コラム7　増幅

増幅をするトランジスタ回路の動作はちょうど川とダムと発電所（図 11.22）になぞらえて理解することができます．その対比を表 11.2 に示します．ダムは水をせき止めることができます．またダムは，放流する水の量を制御することができます．ダムの後ろで取り出すエネルギーは，ダムの水がもつ位置エネルギー（高さ）と，ダムから放流される水の量の掛け算になります．ダムの放水量は簡単に増減できます．したがって，ダムの発電所から取り出すエネルギーも簡単に増減することができるのです．

表 11.2　トランジスタ回路と，ダムと水の関係

トランジスタ回路	ダムと水
トランジスタ	ダム
負荷抵抗	発電機
I_C	ダムを流れ出る単位時間あたりの水の量
V_{CC}	ダムの水がもつ位置エネルギー
V_{BE} の大きさによって，I_C の大きさを調整する	ダムは，放流する水の量を調整することができる

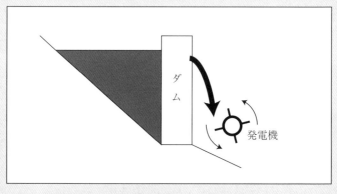

図 11.22　ダム

11章 半導体と半導体デバイス

力試し問題

ダイオードについて，具体例を上げて数値を検討するものである．表内の①〜⑩について答えなさい．なお，⑥については8つの回答欄があるが，「無バイアスのときと比較して，変化したところ」だけ，新しい値を書けば良い．

注意：

・条件等は同表内に記載してある．

・空欄は数値さえ書けば良いのだが，解答を求めた理由や計算過程も説明できることが望ましい．

・この問題を解くには，np 積一定の法則が必須である．

表11.3　ダイオードの各部のキャリア濃度等（バイアス無しと有り）

		アクセプタを含んだ領域		ドナーを含んだ領域	
		pn接合部から遠く離れた場所	空乏層の端	空乏層の端	pn接合部から遠く離れた場所
無バイアスのとき	自由電子濃度	2.5×10^{13} [m^{-3}]	① [m^{-3}]	② [m^{-3}]	③ [m^{-3}]
	正孔濃度	8.0×10^{23} [m^{-3}]	④ [m^{-3}]	⑤ [m^{-3}]	4.0×10^{11} [m^{-3}]
順方向バイアスV_{EX}=363 mV印加時⑥	自由電子濃度				
	正孔濃度				
条件		・不純物は，接合部で階段型に濃度を変えるものとする． ・空乏層の端とは，不純物半導体の領域と空乏層領域との境界とする． ・真性濃度は，表内の数値から計算できる． ・計算するときの有効桁数は2桁で良い． ・室温は，25.0 meVのポテンシャルに換算できる値とする． ・（必要なら，ln(10) = 2.30, ln(2) = 0.693, ln(5) = 1.609 を参照のこと） ・空乏層は拡散距離に比べて無視できるほど薄いとする． ・「遠く離れた」とは，拡散長の数倍以上という意味とする． ・電子と正孔それぞれの拡散定数は3倍以内の比率とする．			

このダイオードの真性濃度は，（⑦　　　[m^{-3}]）である．

このダイオードにおいて，空乏層を横切る電流は，電子と正孔のうち（⑧　　　）によって流れる電流のほうが多い．なぜなら，直接電流の大きさに関わるキャリア濃度は，①〜⑤のうちで，（⑨　　　）と，（⑩　　　）であるが，⑨の方が⑩よりも大きいからである．

■ 解答例

ダイオードの図を図 11.23, 図 11.24 に示す.

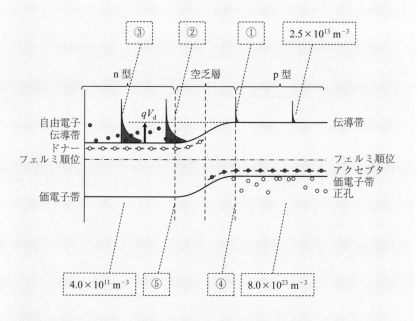

図 11.23 無バイアスのとき

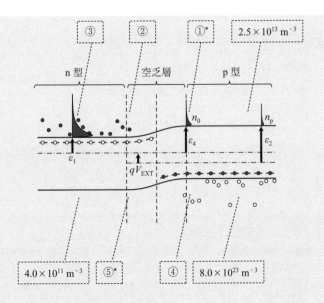

無バイアスのときと比べて，①* と⑤* だけが値が変わり，それ以外は無バイアスのときと同じ．
①* の値は①の $\exp(qV_{\mathrm{EXT}}/kT)$ 倍，⑤* の値も⑤の $\exp(qV_{\mathrm{EXT}}/kT)$ 倍．

図 11.24　順方向バイアス印加時

11章 半導体と半導体デバイス

表11.4 表11.3の解答

		アクセプタを含んだ領域		ドナーを含んだ領域	
		pn接合部から遠く離れた場所	空乏層の端	空乏層の端	pn接合部から遠く離れた場所
無バイアスのとき	自由電子濃度	2.5×10^{13} [m^{-3}]	① 2.5×10^{13} [m^{-3}]	② 5.0×10^{25} [m^{-3}]	③ 5.0×10^{25} [m^{-3}]
	正孔濃度	8.0×10^{23} [m^{-3}]	④ 8.0×10^{23} [m^{-3}]	⑤ 4.0×10^{11} [m^{-3}]	4.0×10^{11} [m^{-3}]
順方向バイアス $V_{EX}=363$ mV 印加時⑥	自由電子濃度		5.0×10^{19} [m^{-3}]		
	正孔濃度			8.0×10^{17} [m^{-3}]	
条件	・不純物は，接合部で階段型に濃度を変えるものとする． ・空乏層の端とは，不純物半導体の領域と空乏層領域との境界とする． ・真性濃度は，表内の数値から計算できる． ・計算するときの有効桁数は2桁で良い． ・室温は，25.0 meV のポテンシャルに換算できる値とする． ・（必要なら，$\ln(10)=2.30$, $\ln(2)=0.693$, $\ln(5)=1.609$ を参照のこと） ・空乏層は拡散距離に比べて無視できるほど薄いとする． ・「遠く離れた」とは，拡散長の数倍以上という意味とする． ・電子と正孔それぞれの拡散定数は3倍以内の比率とする．				

このダイオードの真性濃度は，（⑦ 4.5×10^{18} [m^{-3}]）である．

このダイオードにおいて，空乏層を横切る電流は，電子と正孔のうち（⑧ 電子 ）によって流れる電流のほうが多い．なぜなら，直接電流の大きさに関わるキャリア濃度は，①〜⑤のうちで，（⑨ ① ）と，（⑩ ⑤ ）であるが，⑨の方が⑩よりも大きいからである．

まずは⑦の真性濃度を求める．

真性濃度と正孔濃度から，③の自由電子濃度を求めることができる．

①，②，④，⑤は，pn接合から遠く離れた場所と同じ濃度である．

363 mV とは，25.0 mV の 14.52 倍である．$e^{14.52} = 2.02 \times 10^6 ≒ 2.0 \times 10^6$ であることから，⑥の欄は，①と⑤に対してそれぞれ 2.0×10^6 倍だけ大きくなる．

もしも電卓を使わなくても，14.52 倍という数値を元に表内の数表を使って，$14.52 = 6 \times 2.30 + 0.72 ≒ 6 \times 2.30 + 1 \times 0.69$（＝6 回の 10 倍と，1 回の 2 倍）と分解することで，⑥の欄の①が⑤に対する倍率を 2×10^6 倍だと求めることができる．

12章　誘電体とコンデンサ

本章で学ぶこと

　本章ではコンデンサをつくるのに欠かせない誘電体について，まずは誘電体が静電容量増大に役立つことを学びます．続いて誘電体内部で生じる分極について学ぶとともに，物質中の分極の分類とそれぞれの特徴について学びます．最後に誘電体による電力消費について学びます．

(1) 誘電率と誘電分極

　コンデンサの基本的な構造は，図12.1に示すように面積 S の2枚の平行な金属平板が距離 d だけ離れて位置する平行平板型です．この電極間に誘電率 ε の誘電体を挟んだときの静電容量は $C = \dfrac{\varepsilon S}{d}$ [F] となります．同じ寸法のコンデンサでも，大きな誘電率の誘電体を選ぶことで静電容量を増やすことができます．

　誘電体は絶縁体ですが，応用の際に誘電率が大きく影響する際に

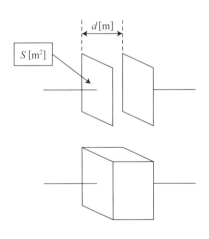

図12.1　平行平板とコンデンサ

使われる呼び方です．誘電体に外部から電界が加えられると，内部にあった正と負の電荷がそれぞれ電界によって少しずつ場所をずらします．この現象を分極といいま

す．図12.2に，コンデンサと誘電体について電荷や電界や様子を示します．図(a)は電極間が真空中の場合です．電極間には電圧 V_0 が印加されているものとします．電極間距離は d ですから，電界の大きさは $E_0 = \dfrac{V_0}{d}$ です．電極には電荷が溜っています．正の電荷から負の電荷に向けて電気力線が発せられます．電極間の電界の強さは電気力線の密度に比例します．図(b)は今から電極間に入れる誘電体です．誘電体に電界が加わっていないときは電気的に中性です．図(c)は誘電体に電界を加えて誘電体が分極したときの様子を示したものです．左から右に向けた電界を適用しますと，正の電荷（図では斜線で表す）は全体的に右に向けてわずかに移動し，負の電荷（図では線で囲まれた四角形で表す）は左に向けてわずかに移動します．この結果，誘電体の左端は負電荷が現れ，同右端に正電荷が現れます．中央の正電荷と負電荷が同時に存在する場所は，電気的に中性のままです．誘電体を電極板で挟んで電圧を加えたのが，図(d)です．電極間の誘電体は，電極間の電界を受けて図(c)のように分極します．

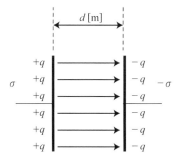

(a) 電極間が真空のとき　　　　(b) 無電界の下の誘電体

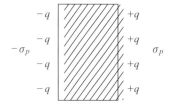

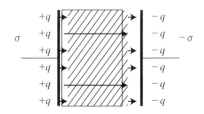

(c) 電界の下で分極した静電体　　(d) 誘電体を挟んだコンデンサ

図 12.2 誘電率と静電容量

電極にたまる電荷から発する電気力線のうち何本かは誘電体側面の電荷に捉えられるため，誘電体を横切る電気力線は図 (a) のときよりも減ります．

電磁気学により，静電容量は $C = \dfrac{Q}{V}$ という関係式で表されます．図 (d) の誘電体の誘電率を真空中の誘電率 ε_0 と比誘電率 ε_r の掛け算と考えると，比誘電率 ε_r は，

$$\varepsilon_r = \dfrac{\varepsilon_r \varepsilon_0}{\varepsilon_0} = \dfrac{\varepsilon}{\varepsilon_0} = \dfrac{C}{C_0} = \dfrac{Q/V}{Q/V_0}$$

と計算できます．これは図 (d) と図 (a) の静電容量の比であり，電極に同じ大きさの電荷を蓄えたときの電極間電位差の比でもあります．ここで，電極にたまった電荷は図 (a) も図 (d) も σ という密度とします．図 (d) 内の誘電体の側面にたまる電荷密度を σ_P とします．

すると，電極から発する電気力線のうち誘電体内を通過するのは単位面積あたり $\sigma - \sigma_P$ です．誘電体内を通過する電気力線の比率が，内部電界の比率であり，電極間電圧の比率でもあることから，

$$\varepsilon_r = \dfrac{V_0}{V} = \dfrac{\sigma}{\sigma - \sigma_P}$$

となります．

分極しやすい材料を電極間に入れることによって，同じ寸法であってもさらに静電容量が大きくなります．なお，誘電体が挟まれるということは，空気が挟まれた場合と比較して，機械的な振動があっても電極間距離が変動することがありませんし，ごみが電極間に入ることを防ぐこともできます．

(2) 分極とその種類

分極はどんな誘電体にも起こり得ます．なぜなら，物質は原子からなり，原子は正と負の電荷を含むためです．

図 12.3(a) に電界が 0 のときと 0 でないときの原子の様子を示します．電界がないときは正負の電荷それぞれの重心は一致していますが，電界の下では分かれています．このように電荷の重心が分かれたものを双極子といい，電荷量と距離の積を双極子モーメントといいます．

ここでは $\pm q$ という電荷が距離 l だけ離れることから，原子の双極子モーメント m は，

$$m = q\,l$$

で表されます．m の大きさは一般的に電界の大きさに比例します．

分極の起源を図 12.3(a) 〜 (d) に示します．図の左側の図は，電界がないとき，右側の図は電界があったときの分極の様子を示します．

電子分極は，この節の最初でも触れた原子核と電子の位置がずれることによる分極です．電子の移動によるものですから反応が早く，外部から無線通信に使われる周波数の信号が加わってもすぐに分極します．可視光の周波数帯（およそ 400 〜 800 THz）だけでなく，紫外光の周波数まで対応します．

しかし，無限に高い周波数まで対応できるわけではありません．早すぎる電圧変化には対応できないため，非常に高い周波数においてはまったく分極しなくなります．原子分極以外の分極も，高すぎる周波数では分極できなくなるという点は同じです．

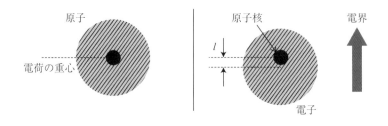

(a) 電子分極

12章 誘電体とコンデンサ

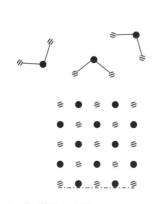
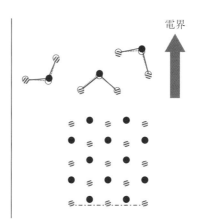

● 正に帯電した原子
/// 負に帯電した原子

(b) 原子分極

左図（電界なし）に対して右図（電界あり）では，正に帯電した粒子は電界の方向に，負に帯電した粒子はその逆方向に移動します．

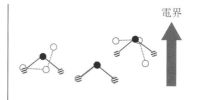

● 正に帯電した原子
/// 負に帯電した原子

(c) 配向分極

左図（電界なし）に対して右図（電界あり）では，極性をもった分子が電界の方向に回転します．

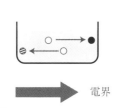

● 正に帯電した原子
/// 負に帯電した原子

(d) 空間電荷分極

図 12.3 様々な分極

原子分極は，図12.3(b)のように，正と負に帯電した原子からなる分子（図の上部）や結晶（図の下部）が，電界によってお互いの位置がずれるものです．原子がほんのわずかずれることで生じますので，原子分極に次いで反応が早く，赤外線の周波数まで対応できます．

　配向分極は，水分子のように，正電荷と負電荷の位置がずれている有極性分子に生じます．（図12.3(c)）電界がないときは分子それぞれの向きはランダムですが，電界下では分子の向きが電界の方向に揃うことで分極します．無線周波数まで対応します．水分子の場合は，約2.4 GHz以下の周波数まで応答しますが，それ以上の周波数については水分子の回転が追い付かなくなります．

　空間電荷分極は食塩を水に溶かしたときのように，誘電体が可動イオンを含むときに生じる分極です．（図12.3(d)）正イオンと負イオンは電界の向きに沿ってそれぞれ別方向に移動します．誘電体の形状にもよりますが，場合によっては長い距離を動くため，分極が安定状態に達するまで長い時間が掛かることがあります．

　これら4つの分極は加算されますので，周波数と誘電率の関係は図12.4のようになります．もしも物質がSiの結晶だとすれば，原子分極はありますが，それ以外の分極はありません．また，純粋な水ならば，電気をほとんど通しませんので誘電体として扱うことができ，配向分極と原子分極と電子分極が見られます．

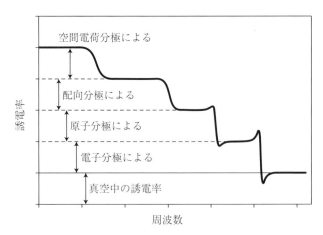

図12.4　誘電率の周波数特性

(3) 複素誘電率とその周波数特性

　誘電体の分極は，外部から加えられる電圧によって変化します．分極は電荷が移動することによって生じますので，電流が流れたとも考えることができます．素子が消費する電力 P は，電流 I ×電圧 V で計算することができますから，電流が流れることでエネルギーの損失が生じます．誘電体に様々な周波数の電圧を加えたときの分極を図 12.6 に示します．ここでは簡単のため電圧は方形波として細い線で表します．図中の太い曲線は分極の様子を表します．

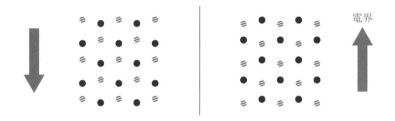

図 12.5　分極による電荷の移動

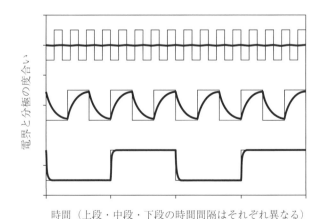

時間（上段・中段・下段の時間間隔はそれぞれ異なる）

図 12.6　様々な周波数の電圧を加えたときの分極

図の上段・中段・下段の横軸は時間です．ただし，時間の大きさはそれぞれ異なります．下段は，誘電体に非常に低い周波数の電圧を加えたときです．分極は電圧が変化した瞬間は変化しますが，直ぐに飽和してしまいます．ほとんどの時間，分極は一定に保たれています．電力消費があるとしたら分極が変化している間だけですから，このような周波数ではほとんど電力消費はありません．上段は，誘電体に非常に高い周波数の電圧が加えられたときです．このとき分極は電圧変化に間に合いませんので，電流が流れないことになり，誘電体の消費電力もありません．

中段は，誘電体が電力を消費するような周波数の電圧が加わったときの様子です．電圧の方向への分極が飽和しようとする毎に，電圧の方向が切り替わっています．分極が大きく変化し，その回数も多いため，消費電力が大きくなります．

損失まで考えて誘電体を扱うときは複素誘電率という概念を導入します．誘電率は実部と虚部に分けて $\varepsilon^* = \varepsilon' - j\varepsilon''$ と表します．この式を平行平板コンデンサの電圧 V と電流 I に当てはめると

$$I = j\omega C^* V = j\omega \left(\frac{\varepsilon^* S}{d}\right) V$$
$$= j\omega \left(\frac{\varepsilon' S}{d}\right) V + \omega \left(\frac{\varepsilon'' S}{d}\right) V$$

となります．C^* は損失を含むコンデンサという意味です．最後の式の第二項は抵抗と同じように電圧と電流の位相が揃っていますので，電力損失を生じさせます．これを誘電損といいます．この電流と電圧の関係や，等価回路を図 12.7(a)，(b) に示します．図 12.8 には複素誘電率の周波数特性の例を記します．V と I の位相角 δ は，とそれぞれによる電圧の位相が 90 度，ずれていることから，

$$\tan\delta = \frac{\varepsilon''}{\varepsilon'}$$

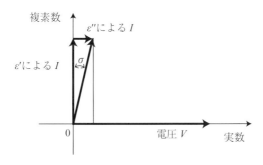

(a) 複素誘電率のベクトル表記

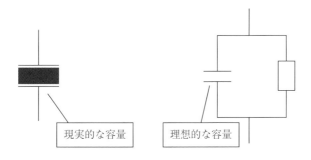

(b) 複素誘電率をもつコンデンサの等価回路

図 12.7　複素誘電率

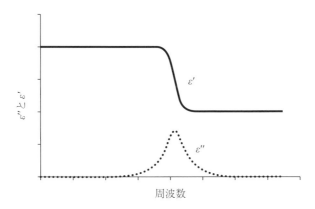

図 12.8　複素誘電率の周波数特性

という式で結び付けられます．この比率を誘電正接といいます．

　平行平板コンデンサの消費電力 W は，電流 I ×電圧 V によって求められます．位相が90度ずれている項は1周期で計算すれば0なので最初から除外して計算すると，

$$W = \omega \left(\frac{\varepsilon'' S}{d} \right) V \times V = V^2 \omega \left[\frac{\varepsilon' \tan\delta S}{d} \right] = V^2 \omega C_0 \tan\delta$$

と変形できます．ただし，C_0 は誘電率が ε' のときの静電容量です．静電容量を変えずに消費電力減らすには，$\tan\delta$ の小さな物質を選定する必要があります．

力試し問題

① 図 12.2 において，図に示すように σ が 6 個，σ_p が 4 個のとき，ε_r の値を求めよ．

② 以下に物質の例を何点か挙げる．電子分極，原子分極，配向分極，空間電荷分極が発生するかどうか答えなさい．

結晶のシリコン（Si）

結晶のダイヤモンド（C）

結晶の窒化ガリウム（GaN）

結晶の塩化ナトリウム（NaCl）

結晶のヒ化ガリウム（GaAs）

結晶の塩化カリウム（KCl）

液体の純水（H_2O）

ガスの窒素（N_2）

ガスのメタン（CH_4）

ガスのアンモニア（NaH_3）

ガスのクロロホルム（$CHCl_3$）

ガスのホルムアルデヒド（CH_2O）

ガスの塩化水素（HCl）

水に微量の NaCl が溶けた水溶液

■ 解答例

① $\varepsilon_r = \dfrac{V_0}{V} = \dfrac{\sigma}{\sigma - \sigma_P}$ より,$\varepsilon_r = \dfrac{6}{6-4} = 3$

②

電子分極:Si,C,N_2
(どんな物質も電子分極はあります)

電子分極+原子分極:GaN,NaCl,GaAs,KCl,CH_4
(まずは異種の原子を含む結晶が挙げられます.また,異種の原子を含んだ分子から成るガスや液体の中で,分子の中心から見て偏りがないものです)

電子分極+原子分極+配向分極:H_2O,NaH_3,$CHCl_3$,CH_2O,HCl
(異種の原子を含んだ分子から成るガスや液体の中で,分子の正電荷の中心と負電荷の中心がずれているものです.H_2O は3つの原子の並び方は一直線上にではありません.また,NaH_3 は4つの原子の並び方は同一平面上ではありません)

電子分極+原子分極+配向分極+空間電荷分極:水溶液(水と NaCl)
(空間電過分極は,イオンが電界の下で長い距離を移動することです.水に NaCl が溶けると,Na^+ イオンと Cl^- イオンに別れ,電界の下ではそれぞれ逆方向に移動します)

13章　磁性体とインダクタンス

本章で学ぶこと

　最初に磁性体の基本的な特性である透磁率と磁化特性について学びます．続いて磁性が現れる起源について学びます．その際に磁性材料の分類について説明します．強磁性体の磁化特性は，磁化の大きさが磁界だけでは決まらないヒステリシス特性を示します．続いてヒステリシス特性の由来を学びます．磁性体を応用するときは，応用先に求められる磁化特性の材料を求める必要があります．

　強磁性体には外部磁界によって抵抗値が大きく影響されるものがあり，ハードディスクの高容量化等に欠かせない技術になっています．

　最後に強磁性体の応用と，その際に必要な磁化特性の改善方法を学びます．

(1)　透磁率と磁化特性

　インダクタンスはコイルとも呼ばれます．基本形は，図 13.1(a) のようにケーブルをらせん状に巻いたものです．この図では断面積 S，半径 a，長さ ℓ に渡る円筒の形状上に N 回巻いています．ここに電流 i を流すと，コイル内の磁界 H，磁束密度 B，断面積 S を貫く磁束 ϕ それぞれは，

$$H = NI \tag{13-1}$$

$$B = \mu_0 H \tag{13-2}$$

$$\phi = S \times B \tag{13-3}$$

になります．なお，μ_0 は真空中の透磁率です．B は磁石の強さを表します．ここで，電流が変化するといった何らかの理由によって磁束密度が変化したとき，

インダクタンスには $V \propto \dfrac{d\phi}{dt}$ という電圧が生じます．ただしこの章では電圧の絶対値に注目し，電圧の向きは考慮しません．

一方，インダクタンスには電圧と電流に $V = L\dfrac{di}{dt}$ という関係式がありますので，以上の式をまとめますと，インダクタンス L は，比例定数 K を導入して

$L = K\mu_0$

と表すことができます．K の値は形状や巻き数や面積などから決まります．図 13.1(b) は巻線の中に透磁率 $\mu = \mu_0 \mu_r$ の磁性体を入れたところです．なお，μ_r は比透磁率です．これによって，式 (13-2) は，

$B = \mu_r H$ (13-4)

となりますので，

$L = K\mu = K\mu_r \mu_0$

となります．μ_r が大きな誘電体をインダクタンスの巻線の中に入れることで，インダクタンスの値を大きくすることができます．B が大きければ，磁石としても強力です．

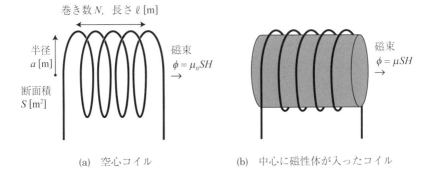

(a) 空心コイル　　　(b) 中心に磁性体が入ったコイル

図 13.1　コイルの基本形

磁性体の比透磁率が 1 以外の値を取る理由は，磁性体によって磁化 M が生じるからです．磁化 M は単位体積中に誘起される磁気モーメントです．磁化 M が磁界に比例するときは磁化率 χ を比例定数として，

$M = \chi \times H$

と書くことができます．これらは次式にまとめることができます．

$$B = \mu_0(H+M) = \mu_0(1+\chi)H$$

鉄やフェライトは磁化Mの大きな材料であり，大きなインダクタンスをつくる際によく使われます．

(2) 磁気的性質の起源

前節で述べたように，材料の磁気的性質は磁化率χの大きさによって分類されます．図13.2にHと$M=\chi H$の関係を示します．こうしたMとHの特性を示す曲線を磁化曲線といいます．磁気的な性質を積極的に使うとすれば，χが大きな強磁性体です．$|\chi|$の値が1よりも十分に小さな材料は非磁性体とも呼ばれ，その磁気的な性質を積極的に使うことはほとんどありません．

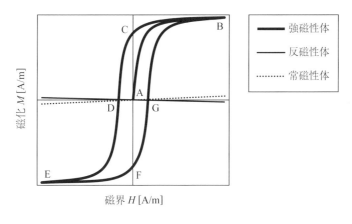

図13.2　様々な磁性体の磁界と磁化

材料の磁気的な特性は，原子の磁気的性質に由来します．原子は，電子の自転すなわち電子のスピンと，電子の軌道すなわち軌道角運動量によって磁気モーメントをもつことになります．原子の磁気モーメントを原子磁気モーメントといいます．原子磁気モーメントをもつ原子は開殻構造です．閉殻ならばその殻の軌道のすべてに電子が配置するため，スピンの正と負が釣り合い，軌道角運動量の正と負も釣り合うため，磁気モーメントが生じません．例えば，ネオンやアルゴンは磁気モーメントを持ちま

せん．なお，原子単体が開殻構造だとしても，結合することによって閉殻構造になることがあり，その場合も磁気的な性質は生じません．

物質の磁性は，χの値や材料内部の磁気モーメントの性質によって分類されています．

反磁性体は，$\chi<0$という材料であり，例として希ガスやビスマスや銀や水などが上げられます．χの値は-10^{-5}程度です．外部から磁界が加えられようとすると，その磁界を妨げるように，材料に含まれる電子の軌道が変わるのがこの磁性材料です．

常磁性体は，正の小さなχをもつ材料であり，例としてチタン，アルミニウムなどが上げられます．χの値は0.001のオーダーかまたはそれ以下です．常磁性体では各原子磁気モーメントは熱エネルギーによってばらばらな方向を向いています．磁界を加えることによって，磁界と同じ方向の磁気モーメントの成分が増えることがχになります．

強磁性体は原子磁気モーメントが秩序を持って並ぶ物質です．強磁性体内の原子磁気モーメントの全てが同じ方向になっているものをフェロ磁性体といいます．代表的な例はFe，Co，Ni，アルニコや鉄合金です．一方，大きな原子磁気モーメントと小さな磁気モーメントが逆向きに並んでいるものをフェリ磁性体といいます．強磁性体の温度を上げてゆくと，原子磁気モーメントの配置が無秩序化します．例えば常温では強磁性体の鉄であっても，高い温度では常磁性体になります．この臨界温度をキュリー温度といいます．

原子磁気モーメントに秩序はあるものの，χの大きさが常磁性体程度という物質もあります．それは同じ大きさの原子磁気モーメントが，隣どうしで正反対の方向を向くという配置であり，磁気的な特性は非磁性体になります．こうした材料を反強磁性体といいます．この場合も温度を上げてゆくと常磁性体になります．この場合は臨界温度をネール温度といいます．

(3) ヒステリシス特性

強磁性体の典型的な H と M の関係は図13.2のA点〜G点の曲線で表されます。A点は $H=M=0$ の点であり，消磁された状態です。H を増やしてゆくと M は増えてゆきますが，その関係は次第に飽和するという曲線です。A点から H を増やすときの M の特性を初磁化曲線といいます。A点の直近では H と M の関係は比例的であり，その特性を初磁化率といいます。B点は M の値が飽和した点です。このときの M の値を飽和磁化 M_S といいます。

この状態から H を $H=0$ まで減らしたとき，M はC点になり，A点には戻りません。このように，同じ H なのに磁化値が異なることをヒステリシス特性といいます。なおC点の M を残留磁化 M_r といいます。さらに H を減らすことで $M=0$ とすることができます。（D点）このときの H の値を保磁力 H_C といいます。$M=0$ のときの点であることを明示するために H_{CM} と表すこともあります。さらに H を減らすと M は $-M_S$ に飽和します。（E点）H の正負に対して M の特性は対称です。ここから H を増やしてゆくと，F点，G点を通ってB点になります。

ヒステリシス特性が得られる磁性体は，内部に磁区という構造をもっています。（図13.3）

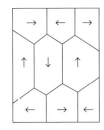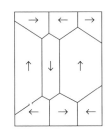

図 13.3 磁区

磁区とは，磁気モーメントの向きが揃った領域です。磁区と磁区を分ける壁を磁壁といいます。M の値が変化するということは，磁界の方向を向く磁区が増えるということです。M が小さいうちは磁壁が移動して磁界の方向を向く磁区のサイズが増

えてゆきます．このとき，磁壁の移動は不連続に飛び飛びに生じます．これをバルクハウゼン効果といいます．Mが大きくなると，磁区の向きが回転することで磁界の方向を向く磁区が増えます．そして，磁性体内の磁気モーメントの向きがすべて揃った状態が，Mが飽和した状態です．

ヒステリシス特性は磁束密度Bと磁束Hの関係に対しても描くことができます．MよりもBの方が実用的には取扱いが簡単です．$H=0$のときはMとBは同じ値ですので，残留磁化M_rがそのまま残留磁束密度B_rになります．しかし，B-H特性は飽和することがないなどM-H特性と同じものではありません．$B=0$となるHのことをH_{CB}と記します．H_{CM}が大きな材料の場合，H_{CM}とH_{CB}は大きく異なります．H_Cが小さな材料ならば，Hが小さいうちにMが飽和することから，便宜的に飽和磁束密度B_sという用語を使うことがあります．

H_Cが小さな磁性材料を軟らかい磁性体，軟質磁性体といいます．一方，H_Cが大きな磁性体を硬い磁性体，硬質磁性体といいます．

硬質磁性体をつくるには，まずは磁壁を移動しにくくすることです．磁区構造の材料の場合，不純物や欠陥を導入すると，磁壁の移動が妨げられます．さらに，磁壁が存在しない単磁区構造の材料であれば，磁区構造の材料に比べて大きなH_Cを実現できます．磁壁の厚さは100 nm程度ですので，材料の寸法をそれよりも小さくすることで，単磁区構造を実現できます．

(4) 磁気抵抗効果

図 13.4(a), (b) に示すように, Fe と Cr が層構造になっていたとき, 層をまたいで電流を流そうとしたときの抵抗値が, 外部磁界の大きさに強く影響されることが, 1987 年に発見されました (図 13.4(c)). これを巨大磁気抵抗 (GMR: Giant Magneto-Resistance) 効果といいます.

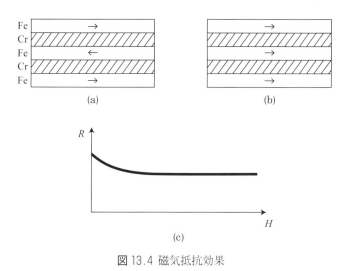

図 13.4 磁気抵抗効果

この現象は, 電子のスピンによって説明できます. 磁界がないときは, 鉄のそれぞれの層の磁化の方向は, 隣同士が逆方向を向くという磁気的に安定な構造になります (図(a)). このとき, 自由電子のスピンの向きは磁化の方向を向きます. ここで, 多数の層を横切る方向に電流を流そうとすると, 鉄の層に入るたびに電子のスピンの向きが逆転することになります. そのため, 鉄の層に入るごとに電子は散乱を受けることになり, 抵抗が増大します.

一方, 外部磁界によって, 鉄の磁化の方向がみな同じ向きを向きますと (図(b)), 鉄の層に入るときに電子のスピンの向きは変わらないため, 抵抗値は小さくなります.

(5) 強磁性体の応用と材料

強磁性体にはいくつもの応用先があります.応用先によって,保磁力等の磁気的な特性のうち求められる特性が変わってきます.強い磁力が必要な場合は,飽和磁化 M_S の大きな材料をコイルの芯に使うことです.そのためには,鉄の塊が好都合です.

永久磁石は $H=0$ のときに使用する磁性材料です.これを実現するのに好ましい特性は残留磁化 M_r が大きいことです.また,何らかの刺激で磁性を失うことを防ぐには,H_{CB} が大きい特性が好都合です.$B(H) \times H$ の最大値は磁石の強さの目安になります.永久磁石の具体的な例を表 13.1 に示します.

表 13.1 永久磁石の具体的な例

分類	金属系磁石	フェライト系磁石	希土類磁石
概要	Fe や Co などの強磁性体を主成分とする合金	鉄族元素のイオンを含む酸化物.化学的安定性が高く安価.	希土類と鉄属の合金.ネオジム磁石は永久磁石の中で最も強力.
例と説明	アルニコ 5 Fe を主成分として Co 24 %,Ni 14 %,Al 8 %,Cu 3 % を加えたものを溶解状態から急冷することで強磁性の単磁区粒子を析出させたもの. $(BH)_{max} = 40 \text{ kJ/m}^3$ $B_r = 1.3 \text{ T}$ $H_{CB} = 40 \text{ kA/m}$	Ba 系フェライト Fe_2O_3,$BaCO_3$ を添加剤と共に混ぜ,加熱して焼結体をつくり,単磁区の細かさに砕き,型に入れ圧縮形成して焼き固める. $(BH)_{max} = 7 \sim 11 \text{ kJ/m}^3$ $B_r = 0.2 \text{ T}$ $H_{CB} = 130 \sim 180 \text{ kA/m}$	$Nd_2Fe_{14}B$ ネオジム磁石 ネオジム元素を使う事から名付けられた.原材料を溶解して合金をつくり,単磁区の細かさに砕き,型に入れ圧縮形成して焼き固める.希土類はさびやすいのでコーティングする. $(BH)_{max} = 200 \sim 440 \text{ kJ/m}^3$ $B_r = 1.1 \sim 1.5 \text{ T}$ $H_{CB} = 800 \sim 1100 \text{ kA/m}$

商業周波数のためのトランスは,エネルギーを伝えるためのトランスであり,磁性材料の磁性は,低保磁力,高透磁率であることに加えて,飽和磁束密度が大きいことが求められます.ヒステリシス損失 W_H は,

$$W_H = \mu_0 \oint H \cdot dM$$

で求められますが，小さな保磁力は，この損失を小さくします．これに加えて，渦電流損が小さいことが求められます．そのためには鉄心の抵抗を大きくすることです．また，大きな電力を伝えるためには大きな寸法が必要であることから，材料は安価なことが求められます．

信号伝達のためのトランスは，取り扱う電圧や電流が小さいため，飽和磁束密度は特性に無関係です．その代わり，初透磁率が大きいことが求められます．特性のこれ以外の点は，商用周波数のそれと変わりません．トランスのための磁性材料の具体的な例を表 13.2 に示します．図中 B_S は最大磁束密度であり磁気飽和をもたらす磁束密度です．

表 13.2 トランスのための磁性材料

分類	商用周波数のトランス	信号用のトランス	
概要	ケイ素鋼	パーマロイ (Fe-Ni 系材料)	フェライト
例と説明	Fe を主成分として Si を 1％～5％添加することで抵抗を大きくした材料．Si が多いほどもろくなる 3％の Si の場合， $\mu_i = 4000$ $B_S = 2$ T $H_{CB} = 8$ A/m $\rho = 0.5\ \mu\Omega\cdot$m	パーマロイ系で最も高い透磁率をもつスーパーマロイは，79％Ni，5％Mo，16％Fe という合金 $\mu_i = 100000$ $B_S = 0.79$ T $H_{CB} = 4$ A/m $\rho = 0.7\ \mu\Omega\cdot$m	フェライトは抵抗率の高さが大きな特徴．Ni-Zn 系フェライトは，10MHz 程度の周波数の信号用に使われる． $\mu_i = 30\sim300$ $B_S = 0.3$ T $H_C = 80\sim1100$ A/m $\rho = 1\ \Omega\cdot$m 周波数帯によって様々なフェライトが適用される．

磁気記録システムは，情報を蓄えておく記録媒体と，情報を書き込んだり読み出したりする磁気ヘッドから成ります．磁気記録のための記録媒体は，ハードディスク装置内のディスクや，磁気テープなどのベースに薄く塗られた強磁性の微粒子です．

図 13.5 に磁気記録システムの概要を示します．磁気ヘッドによってつくる微小サイズの磁界によって，移動する記録媒体の磁化の向きが整えられることで，情報の書き込みが行われます．また，記録媒体に記録された磁界を磁気ヘッド等で検知するこ

とで，書き込まれた情報を読み取ることができます．

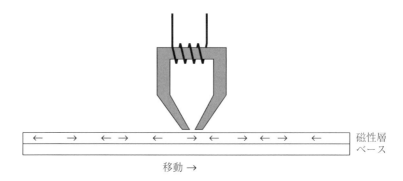

図 13.5 磁気記録システムの概要

磁気記録媒体の保磁力は，磁気ヘッドによって磁化の向きが書き換えられる程度に低く，それでいて多少の外部磁界があっても書き換えられない程度に高いことが求められます．記録素子の大容量化の要求に応じるためにも記録密度の高密度化が求められていますが，その結果，磁気記録媒体はより高い保磁力のものが求められるようになっています．

表 13.3　磁気記録媒体のための磁性材料

分類	磁気テープ装置の例	ハードディスクの例
物質の例と説明	初期の磁気テープやフロッピーディスクでは，$\gamma\text{-}Fe_2O_3$（立方構造の酸化第二鉄）が使われた．寸法を長さ 300 nm，幅 50 nm 程度にすることで単磁区構造となったものが，ベースフィルム上に塗布される．長手方向が磁化しやすい方向なので，磁気ヘッドによって発生する磁界に合わせて磁性体の向きをそろえておく．	昨今のハードディスクに求められる大きな記憶容量の実現のためには，磁化の容易さが方向によって異なる磁気異方性をもつ材料が使われる．例えば，CoCrPt があげられる．なお，大容量化のためには，磁化の方向をディスクの垂直方向にしたり，軟磁性の材料を入れるなど，構造にも工夫が必要である．

磁気ヘッドは，情報の書き込みと読み取りを担います．磁気ヘッドに求められる磁性は，信号を伝えるためという点から，高抵抗の軟磁性材料が必要になりますが，高密度化に伴い大きな磁界を発生することが求められるようになってきました．磁性以外に求められる特徴は，渦電流を防ぐための高抵抗です．なお，初期の磁気テープ装

置のヘッドはテープと接触していることから，摩耗性に優れることも求められていました．

表13.4　磁気記録のための磁性材料

分類	初期の磁気テープに情報を読み書きするための磁気ヘッドの例	高密度化した磁気記録システムのための磁気ヘッドの例
物質の例と説明	初期の磁気テープに対して，ヘッドの基本的構造は図13.4で説明できる．ヘッドはフェライトである．	フェライトでつくるよりも飽和磁束密度を高くするために，パーマロイ，センダスト，アモルファス強磁性合金やこれらの組み合わせで磁気ヘッドをつくる．

記録密度が高くなると，情報を蓄えるための 1 bit あたりの面積が小さくなります．そのため，情報を磁気ヘッドから読み込もうとしても，磁気ヘッドが受け取れるエネルギー量は，高密度化に伴って小さくなります．高密度のハードディスクの読み出し装置は，(4)節で学んだ GMR 効果を使う時代になっています．

力試し問題

磁性体に関して，表 13.5 を完成させなさい．

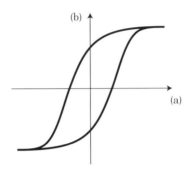

※ただし，(a)と(b)は軸の名称

図 13.6　磁性体のヒステリシス曲線

表 13.5　磁性体分類

用語	説明文 ただし，図 13.6 と関連するものは図にも (c), (d) などと記入すること．必要に応じて補助線を引いたりすること．また，用語と対応するものが図 13.6 にない場合，適当な図を書くこと．		
(a) ___(1)___			
(b) ___(2)___	(3) 説明しなさい．		
(c) 保磁力	(4) 図 13.5 内に示しなさい． (5) 説明しなさい．	(6) 磁区構造を持ち磁壁が存在する材料の，(c) を大きくする材料の工夫は．	(7) 用途例のうち，(c) が大きいほど良いものを挙げなさい．
(d) 飽和磁化	(8) 図 13.5 内に示しなさい． (9) 説明しなさい．	(10)(d) を大きくする材料の工夫は．	(11) 用途例のうち，(d) が大きいほど良いものを挙げなさい．
(e) 残留磁化	(12) 図 13.5 内に示しなさい． (13) 説明しなさい．		
(f) 初磁化率	(13) 図 13.5 内に示しなさい． (14) 説明しなさい．		(15) 用途例のうち，(f) が大きいほど良いものを挙げなさい．
(g) 磁区	(16) 説明しなさい．		

■ 解答例

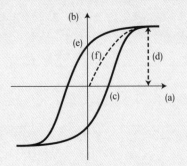

※ただし，(a)と(b)は軸の名称

図13.7　磁性体のヒステリシス曲線

13章 磁性体とインダクタンス

表 13.6 磁性体分類

用語	説明文　ただし，図 13.5 と関連するものは図にも (c), (d) などと記入すること．必要に応じて補助線を引いたりすること．また，用語と対応するものが図 13.5 にない場合，適当な図を書くこと．		
(a) (1) 磁界			
(b) (2) 磁化	(3) 説明しなさい．　磁界の下で誘起される磁気モーメント．		
(c) 保磁力	(4) 図 13.5 内に示しなさい．(5) 説明しなさい．　外部から加えることで磁化をゼロにすることができる磁界	(6) 磁区構造を持ち磁壁が存在する材料の，(c) を大きくする材料の工夫は．　不純物をいれて，磁壁を動きにくくする．	(7) 用途例のうち，(c) が大きいほど良いものを挙げなさい．・永久磁石
(d) 飽和磁化	(8) 図 13.5 内に示しなさい．(9) 説明しなさい．　磁界を大きくしていったときの磁化の飽和値	(10) (d) を大きくする材料の工夫は．　体積あたりの強磁性体を多くする．フェライトよりも鉄の方が強磁性体の密度が高く，有利．	(11) 用途例のうち，(d) が大きいほど良いものを挙げなさい．・強い磁力を発生させるときの鉄心・商用トランスの鉄心
(e) 残留磁化	(12) 図 13.5 内に示しなさい．(13) 説明しなさい．　磁界をゼロにしたときに残る磁化		
(f) 初磁化率	(13) 図 13.5 内に示しなさい．(14) 説明しなさい．　磁界を大きくしていったときの磁化の飽和値		(15) 用途例のうち，(f) が大きいほど良いものを挙げなさい．・信号用コイルの鉄心・磁気ヘッドのセンサ
(g) 磁区	(16) 説明しなさい．　磁気モーメントが同じ方向を向いた領域．他の磁区とは磁壁で隔てられている．		

参考文献

1) 気体放電（第2版），八田吉典，近代科学社，1968年
2) シンクロスコープ（新訂版），関秀男，日刊工業出版社，1959年
3) 電子・イオンビームハンドブック（第2版），日本学術振興会，日刊工業新聞社，1973年
4) 半導体工学（第2版）～半導体物性の基礎～（森北電気工学シリーズ4），高橋清，森北出版，1993年
5) 電磁気学ノート（改訂版），藤田広一，コロナ社，1971年
6) 基礎電気材料，柳井久義／中井達人／林敏也，実教出版，1976年
7) 量子力学のはなし，小出昭一郎，東京図書，1983年
8) 電磁気学－基礎と例題（訂正版），川村雅恭，昭晃堂，1984年
9) 電子材料素子（ＯＨＭ大学講座），武藤時雄 編著，杉原眞／後藤俊成／町好雄，オーム社，1986年
10) 電気・電子材料（基礎電気・電子工学シリーズ5），日野太郎／森川鋭一／串田正人，森北出版，1991年
11) 電気・電子材料（インターユニバーシティ），水谷照吉，オーム社，1997年
12) キッテル固体物理学入門第8版，宇野良清／津谷昇／新関駒二郎／森田章／山下次郎訳，丸善，2005年
13) 電気・電子材料（電気・電子系教科書シリーズ11），中澤達夫／藤原勝幸／押田京一／服部忍／森山実，コロナ社，2005年
14) これからスタート！電気電子材料，伊藤國雄／原田寛治，電気書院，2009年
15) 量子力学Ⅰ，Ⅱ（講談社基礎理学シリーズ6），原田勲／杉山忠男，講談社，2009年
16) 電気電子材料（新インターユニバーシティ），鈴置保雄．オーム社，2010年
17) 電気電子材料工学（電気・電子工学ライブラリ），西川宏之，数理工学社／サイエンス社，2013年
18) 電気電子材料（改訂3版），一之瀬昇，オーム社，2014年
19) よくわかる高電圧工学，脇本隆之，電気書院，2014年

20) *JEMA* による「冷媒」の説明 *http://www.jema-net.or.jp/Japanese/ha/eco/g03_01.html*
21) 電気の歴史イラスト館 *http://www.geocities.jp/hiroyuki0620785/index.htm* から,「○○の歴史」
22) 理科年表 平成 29 年,国立天文台,丸善出版,2006 年

索　引

アルファベット

d 軌道 ……………………………… 35

Eg ………………………………… 69

FET ……………………………… 150
f 軌道 ……………………………… 35

GMR ……………………………… 181

K 殻 ……………………………… 35

LD ………………………………… 144
LED ……………………………… 144
L 殻 ……………………………… 35

MOS 型 ………………………… 153
M 殻 ……………………………… 35

npn ……………………………… 145
N 殻 ……………………………… 35
n 型半導体 …………………… 105
n チャネル型接合型電界効果トランジスタ
　……………………………………… 150

Photon ……………………………… 9
pnp ……………………………… 145
pn 接合 ………………………… 130

pn 接合ダイオード …………… 132
p 型半導体 …………………… 105
p 軌道 ……………………………… 35
p チャネル型 ………………… 153

s 軌道 ……………………………… 35

あ行

アクセプタ …………………… 105
アバランシェ効果 …………… 142

イオン結合 ……………………… 44
移動度 …………………… 89, 125
井戸型ポテンシャル …………… 15
インダクタンス ……………… 175

渦電流 ………………………… 183

永久磁石 ……………………… 182
エネルギー準位 ……………… 20
エミッタ ……………………… 145
エレクトロンボルト ……………… 7

オーミック接合 ……………… 154
オーム領域 …………………… 97

192

か行

開殻	37
回折現象	8, 9
階段接合	137
ガウスの定理	139
殻	31, 35
拡散	120
拡散定数	114
拡散電位	134
価電子	42, 65
価電子帯	69
間接遷移	116
基底状態	20
キュリー温度	178
境界条件	18
強磁性体	177
共有結合	44
巨大磁気抵抗	181
許容帯	67
禁止帯	67
金属結合	45
空間電荷分極	168
空帯	67
空乏層	133
傾斜型	141
ケイ素鋼	183
ゲート	150
結晶	51
原子磁気モーメント	177
原子分極	168
光子	9
格子欠陥	90
格子振動	90
硬質磁性体	180
光路差	8
固有値	17
コレクタ	145

さ行

再結合	116
最密構造	57
散乱中心	82
残留磁化	179
磁化	176
磁界	175
磁化曲線	177
磁気量子数	34
磁区	179
磁束	175
磁束密度	175
磁壁	179
自由電子	72
充満帯	67
主量子数	34
シュレディンガー方程式	17
準位	20
順方向バイアス	135

常磁性体	178
少数キャリア	108
少数キャリア連続の式	113
初磁化曲線	179
ショットキーバリアダイオード	154
真性濃度	105
真性半導体	72, 105
水素結合	47
スピン	36, 177
正孔	72
絶縁体	69, 96
絶縁破壊	96
閃亜鉛構造	57
遷移	33, 116
双極子モーメント	166
ソース	150

た行

ダイオード	132
体心立方	53
ダイヤモンド構造	58
太陽電池	145
多数キャリア	108
単磁区構造	180
チャネル	152
直接遷移	116
ツェナー効果	141
ツェナーダイオード	141
電界効果トランジスタ	150
電子のスピン	36, 177
電子分極	166
伝導帯	69
透磁率	175
ドナー	105
ド・ブロイ波長	9
ドリフト	119
ドレイン	150
トンネルダイオード	142

な行

内部電界	134
軟質磁性体	180
ネール温度	178

は行

パーマロイ	183
配向分極	168
バイポーラトランジスタ	145
パウリの排他律	31, 36
破壊領域	100
波束	10
発光ダイオード	144
パッシェン曲線	99
波動関数	17
バルクハウゼン効果	180

反強磁性体 …………………………… 178
反磁性体 ……………………………… 178
半導体 ………………………………… 70
バンドギャップ ……………………… 69
半満帯 ………………………………… 67

非磁性体 ……………………………… 177
ヒステリシス ………………………… 179
比誘電率 ……………………………… 165
ピンチオフ …………………………… 153

ファンデアワールス結合 …………… 46
フェライト …………………………… 183
フェリ磁性体 ………………………… 178
フェルミ準位 ………………………… 73
フェルミ分布関数 …………………… 73
フェロ磁性体 ………………………… 178
フォトダイオード …………………… 145
複素誘電率 …………………………… 170
不純物半導体 ………………………… 108
プランク定数 ………………………… 9
ブレークダウン ……………………… 141
分極 …………………………………… 163

閉殻 …………………………………… 37
平均自由行程 ………………………… 85
平均自由時間 ………………………… 85
ベース ………………………………… 145
β（コレクタ電流とベース電流の比率）… 149

方位量子数 …………………………… 34

飽和磁化 ……………………………… 179
飽和磁束密度 ………………………… 180
飽和領域 ……………………………… 97
ボーア半径 …………………………… 33
ホール移動度 ………………………… 125
ホール効果 …………………………… 123
保磁力 ………………………………… 179
ボルツマン定数 ……………………… 73

ま行

面心立方 ……………………………… 54

や行

誘電正接 ……………………………… 172
誘電体 ………………………………… 163
誘電率 ………………………………… 163
ユニポーラトランジスタ …………… 150

ら行

量子化 ………………………………… 20, 24
量子数 ………………………………… 19, 23
量子力学 ……………………………… 9

励起 …………………………………… 20
レーザーダイオード ………………… 144

六方最密構造 ………………………… 56

―― 著 者 略 歴 ――

望月　孔二（もちづき　こうじ）
1981年　沼津工業高等専門学校卒業
1985年　静岡大学大学院工学研究科修士課程電子工学専攻修了
1985年　株式会社富士通研究所勤務
1989年　沼津工業高等専門学校電気工学科 助手
　　　　沼津工業高等専門学校電気電子工学科講師，助教授を経て教授．現在に至る
　　　　その間，非常勤講師（静岡大学，1994年〜2000年），博士（工学）（静岡大学，2001年）

©Kouji Mochizuki 2018

電気電子材料の基礎

2018年2月28日　第1版第1刷発行

著　者　望　月　孔　二
発行者　田　中　久　喜

発　行　所
株式会社　電　気　書　院
ホームページ　www.denkishoin.co.jp
（振替口座　00190-5-18837）
〒101-0051　東京都千代田区神田神保町1-3ミヤタビル2F
電話(03)5259-9160／FAX(03)5259-9162

印刷　中央精版印刷株式会社　DTP　Mayumi Yanagihara
Printed in Japan／ISBN978-4-485-30087-9

- 落丁・乱丁の際は，送料弊社負担にてお取り替えいたします．
- 正誤のお問合せにつきましては，書名・版刷を明記の上，編集部宛に郵送・FAX(03-5259-9162)いただくか，当社ホームページの「お問い合わせ」をご利用ください．電話での質問はお受けできません．また，正誤以外の詳細な解説・受験指導は行っておりません．

JCOPY 〈(社)出版者著作権管理機構 委託出版物〉
本書の無断複写（電子化含む）は著作権法上での例外を除き禁じられています．複写される場合は，そのつど事前に，(社)出版者著作権管理機構（電話：03-3513-6969，FAX：03-3513-6979，e-mail:info@jcopy.or.jp）の許諾を得てください．また本書を代行業者等の第三者に依頼してスキャンやデジタル化することは，たとえ個人や家庭内での利用であっても一切認められません．